Madlen Wendt

Meine
Rennmaus
zu Hause

bede bei Ulmer

Inhaltsverzeichnis

Vorwort

>> Wüstenrennmäuse sind sehr neugierige und interessante Nager.

Mongolische Wüstenrennmäuse (*Meriones unguiculatus*) werden nicht nur in Deutschland immer beliebter. Sie sind immer öfter in den Haushalten zu finden und das nicht nur bei Kindern. Grund dafür ist gewiss nicht nur ihr niedliches Aussehen oder ihr neugieriges und dankbares Wesen, sondern auch ihre Zutraulichkeit dem Menschen gegenüber. Immer mehr Erwachsene entdecken ihr Interesse an den kleinen possierlichen Nagern, weil gerade Rennmäuse im Gegensatz zu Farbmäusen sehr reinliche Nager sind und keinen so starken Geruch entwickeln.

Dazu kommt noch, dass die Rennmaus eher rund und kompakt ist und auch einen voll behaarten Schwanz mit einer Quaste (Haarbüschel) an der Spitze besitzt. Es ist wahnsinnig interessant und spannend, diese tag- und nachtaktiven Nager in ihrem naturgetreuen Lebensraum zu beobachten.

Als Streicheltiere sind diese aufgeweckten Nager nicht geeignet, sind aber sehr dankbar, wenn ihre Körnergeber mal die Hand ins Nagerheim halten oder wenn es ein Leckerli gibt. Rennmäuse sind nicht unbedingt sehr anspruchsvoll wie etwa ein Reptil, benötigen aber unbedingt eine naturnahe und artgerechte Haltung. Nur so werden Rennmäuse und Halter ein ganzes Rennmausleben lang Freude miteinander haben.

Dieser kleine Ratgeber soll Ihnen dabei helfen, dass Sie auch als Anfänger in der Haltung von Mongolischen Wüstenrennmäusen wissen, worauf es ankommt und wie mögliche Fehler vermieden werden können. Informationen über Herkunft, Haltung, Ernährung, Zähmung, Beschäftigungsmöglichkeiten, Zucht, Farbschläge und vieles mehr runden den Ratgeber ab. Ein Verzeichnis über weiterführende Literatur, Adressen und Links hilft allen Interessierten, die noch mehr über die Mongolische Wüstenrennmaus (*Meriones unguiculatus*) erfahren möchten. Ich beschäftige mich seit Jahren mit der Zucht dieser liebenswerten Nager und wünsche allen Lesern dieses Büchleins, die sich zur Anschaffung von Mongolischen Wüstenrennmäusen entschlossen haben, viel Freude mit ihren neuen Mitbewohnern und hoffe, dass sie genauso viele schöne Erfahrungen mit den kleinen, außergewöhnlichen Nagern machen werden wie ich.

Herkunft und Geschichte

Die Mongolische Wüstenrennmaus ist in den Steppengebieten Zentralasiens beheimatet. Man findet sie in den Gras- und Buschsteppen, aber auch als Kulturfolger des Menschen auf landwirtschaftlich genutzten Flächen. Das Klima in der Mongolei ist sehr kontinental mit Durchschnittstemperaturen, die im Januar bei - 15 Grad (Extremwerte bis - 40 Grad) liegen. Die Rennmaus betreibt im Sommer Vorratswirtschaft, da im Winter eisige Temperaturen herrschen. Freilebende Mongolische Wüstenrennmäuse ernähren sich von Gräsern, Kräutern, Wurzeln und Samen.

Das natürliche Vorkommen in freier Wildbahn

In freier Wildbahn lebt die Mongolische Rennmaus in Familienverbänden. Sie ist sowohl tag- als auch nachtaktiv. Ruhepausen wechseln mit aktiven Phasen. Individueller und familienspezifischer Geruch hilft den Rennmäusen, sich untereinander zu erkennen.

Gibt es Streitigkeiten – wie in menschlicher Obhut – enden sie nicht immer so tragisch, da die Rennmaus in Freiheit die Möglichkeit zur Flucht hat. Ein neues Revier wird gesucht und eine eigene Familie gegründet. Die Baue der Rennmäuse befinden sich bis zu 1,5 m unter der Erdoberfläche. Es werden verzweigte Gangsysteme mit Schlafkammern und Vorratshöhlen gebaut.

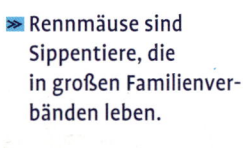

⏩ Rennmäuse sind Sippentiere, die in großen Familienverbänden leben.

Rennmäuse stellen in freier Wildbahn „Wachposten" auf. Diese fiepen bei der geringsten Bewegung laut und trommeln mit den Hinterfüßen auf den Boden, um dann in ihren Bau zu flüchten. Eindringlinge werden sofort angegriffen. Dieses Verhalten ist bei den bei uns zu Hause gehaltenen Rennmäusen auch heute noch zu beobachten.

>> Wühlen und ganze
Streuberge versetzen –
Rennmäuse mögen
keine „ebenen" Flächen.

Das Aussehen der wild lebenden Rennmaus

Nur erfahrene Rennmaushalter können die äußerlichen Unterschiede zu den in menschlicher Obhut lebenden Tieren gut erkennen. Die Rennmäuse haben einen spitzeren Kopf und beweglichere Ohren, die sie zur Geräuschquelle drehen können. Auch in der Fellfarbe gibt es Unterschiede und der Bauch ist nicht so deutlich hellgrau abgesetzt, sondern etwas rötlich. Die Rennmaus kann in freier Wildbahn doppelt so alt werden wie ihre Artgenossen bei uns zu Hause. Rennmäuse in freier Natur haben einen langen Schwanz, große Augen und ein sehr empfindliches Trommelfell. Mit ihren gut entwickelten Hinterfüßen und ihren kräftigen Hinterbeinen können sie sich hüpfend sehr schnell fortbewegen. Die Fellfarbe kann auch bei ein und derselben Art unterschiedlich sein, da sie dem jeweiligen Lebensraum angepasst wird. Man kennt über 80 verschiedene Rennmausarten, die Grundfarbe ist immer wildfarben (braun).

Rennmäuse bauen für verschiedene Zwecke unterirdische Behausungen auf mehreren Ebenen, mit einer Reihe von Höhlen. Sie dienen als Unterschlupf bei Gefahr und gleichzeitig als Vorratskammer und Nest für die Aufzucht der Jungtiere.

Ein Rennmausbau hat viele Ein- und Ausgänge. Sie werden tagsüber von innen mit Sand verschlossen. Es handelt sich dabei sowohl um eine Verteidigungsmaßnahme als auch zur Vorbeugung gegen das Austrocknen des Baues.

In den sehr trockenen Gebieten müssen die Rennmäuse darauf achten, nicht so viel Körperflüssigkeit zu verlieren. Sie haben sich sehr gut angepasst, um in den heißen und trockenen Gebieten überleben zu können. Sie verfügen über eine große Oberfläche, die Wärme abgibt, ebenso wie der lange Schwanz. Die weiße Bauchseite der Rennmäuse ist ein Schutz, um die vom Sand abgestrahlte Hitze zu reflektieren. Rennmäuse können nicht schwitzen. Wenn es dann aber doch zu heiß wird, müssen sie in den Schatten oder in ihren Bau. Rennmäuse haben sehr gut arbeitende Nieren, die für einen stark konzentrierten Harn sorgen, dadurch bleibt wertvolles Wasser aus der festen Nahrung im Körper. Sie sammeln ihr Futter nachts, wenn es den Tau aufgesogen hat und deshalb mehr Feuchtigkeit enthalten ist. Sie können aufgrund der besonderen Beschaffenheit ihrer Nasenknochen den Wasserdampf der ausgeatmeten Luft kondensieren lassen und dann als Wasser wieder aufnehmen. Rennmäuse sind sehr

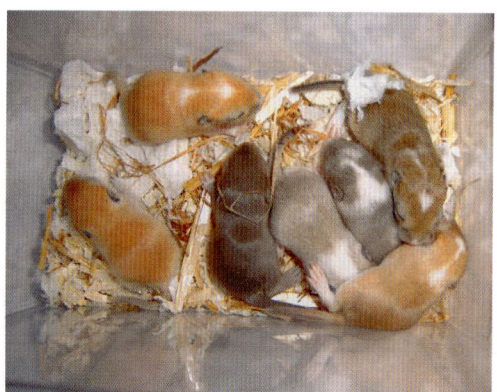

vorsichtig beim Verlassen ihres Baues. Auf der Futtersuche halten sie oft inne, um die Ohren aufzustellen und zu sichern. Ihr scharfes Gehör ist ein wichtiges Verteidigungsmittel. Mit ihrem sehr großen Trommelfell können sie auch tiefe Töne, z. B. den Flügelschlag einer Eule, wahrnehmen. Ihr gutes Gehör ist außerdem nützlich für die Verständigung mit einem möglichen Geschlechtspartner.

» Der Zoofachhandel hält eine große Auswahl an Farbschlägen bereit.

Allgemeine Daten – Systematik

Während dieser possierliche Nager zu fast 90% in allen Haushalten unter seinem deutschen Namen (Mongolische Wüstenrennmaus) bekannt ist, benützen Züchter und absolute Liebhaber auch Gerbil oder *Meriones unguiculatus* (der wissenschaftliche Name der Mongolischen Rennmaus). Die Mongolische Wüstenrennmaus ist ein Nagetier (Rodentia), gehört zu den Mäuseverwandten (Myomorpha) und zur Überfamilie der Mäuseartigen (Muroidea) – Unterfamilie Rennmäuse (Gerbillinae). Sie zählt zu der Gattung Sand- und Wüstenrennmäuse (*Meriones*), woher der „wissenschaftliche Vorname" stammt. Auch wenn der Name „Wüstenrennmaus" auf Sand schließen lässt, darf man die (in Menschenobhut) gezüchtete Nachkommen nicht auf Sand halten. In der Natur hat sich bei den Rennmäusen durch die fast durchgängige Steppe „Hornhaut" an den Hinterläufen gebildet. Diese Eigenschaft fehlt den (in Menschenobhut) gezüchteten Nagern, weil diese von klein auf auf weichem Material leben. Ihre durchschnittliche Lebenserwartung in der freien Wildbahn liegt bei bis zu sechs Jahren. In Menschenobhut erreichen diese Nagetiere ein Alter zwischen drei bis vier, selten aber auch bis zu sechs Jahren.

Der Körper der Mongolischen Wüstenrennmaus erreicht eine Länge von 10-13 cm, dazu kommt noch eine Schwanzlänge von 9,5-11 cm. Eine ausgewachsene Wüstenrennmaus (Männchen) wiegt im Durchschnitt 90 Gramm, wobei eine weibliche Wüstenrennmaus maximal 75 Gramm erreicht. Der Schwanz ist dicht behaart, mit einer kleinen Quaste („wuscheligen Schwanzspitze") am Ende. Die Ohren sind ebenfalls behaart und klein, bei weißen (Rotaugen-weiß- oder Hermelin-) Rennmäusen kann man die Haare durch die Aufhellung kaum erkennen.

≫ Die Wüstenrennmaus verdankt ihr „niedliches" Aussehen ihrer kurzen, breiten und stumpfen Schnauze und hat keinen so starken Geruch wie die Farbmaus!

Jedes neu und spannend ≫ aussehende Objekt wird sofort erkundet.

9

Körperbau und Sinnesorgane

Rennmäuse haben extrem lange Hinterbeine im Gegensatz zu anderen wühlenden Nagern. Mit ihnen kann die Rennmaus aus dem Stand als Jungtier bis 80 cm und als erwachsene Rennmaus bis zu 150 cm hochspringen. Rennmäuse haben im Gegensatz zu Farbmäusen keinen Sinn für Höhenunterschiede, da sie aus einem Lebensraum kommen, der keine nennenswerten Erhebungen aufweist. Das bedeutet, dass wir die Rennmäuse nicht auf einem Tisch ohne Aufsicht laufen lassen dürfen. Sie können sich ohne Zögern über den Rand hinaus wagen und abstürzen. Den meisten Tieren fehlt die einprogrammierte Angst vor gefährlichen Abgründen in ihrem Verhaltensrepertoire.

Die Augen

Rennmäuse haben große und leicht vorstehende Augen. Das ermöglicht ihnen einen sogenannten „Rundumblick" in einem Blickwinkel von fast 360 Grad. Mögliche Feinde können dadurch rechtzeitig ausgemacht werden.
Rennmäuse besitzen die sogenannten „Harderschen Drüsen". Diese sondern das rote Sekret ab, was man manchmal bei ihnen als „rote Tränen" bemerkt. Dies kann aber Anzeichen einer Krankheit sein und sollte von einem Tierarzt abgeklärt werden..

Die Duftdrüse

Die Duftdrüse der Rennmäuse befindet sich in Nabelhöhe. Mit ihrer Hilfe markieren die Tiere ihr Revier sowie andere Familienmitglieder. Dabei wird ein bräunliches, moschusartiges Sekret abgegeben. Bei erwachsenen Rennmausböckchen ist die Duftdrüse stärker ausgebildet als bei den Weibchen.

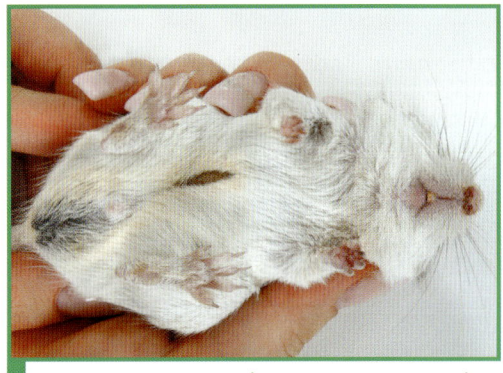

≫ Durch diese Duftdrüse (Bildmitte – Nabelhöhe) erkennen die Rennmäuse ihre Feinde und Freunde, jede „Sippe" hat ihren eigenen Geruch.

Das Fell

Die Rennmaus ist am ganzen Körper behaart und das Fell hat eine Schutzfunktion gegen Hitze und Kälte. Ohren, Schwanz und Fußsohlen sind behaart und schützen so gegen Erfrierungen und Verbrennungen. Frierende Rennmäuse plustern das Fell auf wie Vögel ihr Gefieder. Kranke Mäuse tun dies auch. Das Fell liegt bei Hitze glatt an, schwitzen können Rennmäuse nicht.

Die Nase

Der Geruchsinn der Rennmäuse ist ausgezeichnet. Mit seiner Hilfe können sie einander als Freund oder Feind erkennen. Jede Sippe weist einen eigenen, für Menschen nicht wahrnehmbaren Geruch auf.

Die Ohren

Rennmäuse haben ein sehr gut entwickeltes Gehör. Sie können damit auch höhere Töne vernehmen und haben, ähnlich wie Wale, auch weite Frequenzbereiche des Ultraschalls zur Hörverfügung. Man weiß von Jungtieren, dass sie mit Ultraschalllauten die Mutter rufen. Im Alter von fünf Tagen öffnen sich die Ohren junger Rennmäuse. Die Ohren der Rennmaus sind behaart und aufgerichtet.

Der Schwanz

Der Schwanz einer Rennmaus ist 9,5 bis 11 cm lang, dicht behaart und hat am Ende eine kleine Quaste (Haarbüschel).

Die Zähne

Sie hat wurzellose Zähne, die ständig wachsen und daher durch Nagen abgeschliffen werden müssen. Der Durchbruch der Nagezähne erfolgt zwischen dem 10. und 16. Lebenstag. Rennmäuse haben sehr scharfe Zähne, womit sie auch dünnes Metall problemlos durchnagen können.

» **Rennmäuse haben im Gegensatz zur Farbmaus behaarte Ohren und einen kompakten Körperbau.**

Überlegungen vor dem Kauf

> Rennmäuse zu beobachten, wird nie langweilig.

Die Rennmaus ist ein sehr reinliches Haustier. ≫

Bevor man sich entschließt eine Rennmaus als „neuen Mitbewohner" zu sich nach Hause zu holen, sollte man sich noch einmal Gedanken machen und sich noch einige Fragen stellen.

Nur dann ist gewährleistet, dass am Ende Halter und die kleinen Schützlinge zufrieden sind und ein ganzes Rennmausleben Freude aneinander haben können, denn ein übereilter und unüberlegter Kauf kann schnell massive Folgen für Besitzer und vor allem für die Rennmäuse haben. Es entstehen Probleme, die durch ausreichende Überlegung und Vorbereitung gar nicht nötig gewesen wären. Machen Sie sich vor der Anschaffung mit den Ansprüchen, Eigenschaften und Verhaltensweisen dieser Nagetiere vertraut.

Vorteil der „kleinen" Nager ist, dass sie sehr pflegeleicht sind und die Unterhaltskosten keinesfalls teuer sind wie bei einer Katze oder einem Hund.

Sie brauchen keine Genehmigung des Vermieters, Rennmäuse zu halten, außer, Sie streben eine professionelle Zucht an. Diese kleinen Nagetiere sind nicht meldepflichtig. Fragen Sie dennoch im Vorfeld, ob Sie diese Hausgenossen halten können, um abzusichern, dass der Vermieter auch wirklich einverstanden ist.

>> **Kletter-Taue eignen sich hervorragend für Rennmäuse.**

Nun ein paar Fragen, die Ihnen helfen sollen, die „richtige Entscheidung" zu treffen:

• Habe ich ausreichend Platz in der Wohnung, um ein großes Becken an einem Ort aufzustellen, wo die Mongolischen Rennmäuse an meinem Leben teilnehmen können, aber vor Zugluft geschützt, keiner prallen Sonne, lauten Geräuschen oder Zigarettenqualm ausgesetzt sind?

• Habe ich die finanziellen Mittel, um die Anfangsanschaffungen durchführen zu können, eventuelle Tierarztrechnungen und natürlich die laufenden Futter- und Sandkosten zu zahlen?

• Kann ich mich mindestens vier Jahre täglich um mindestens zwei Rennmäuse kümmern, sie füttern, die Wasserflasche wechseln, das Sandbad erneuern und mich mit ihnen beschäftigen?

• Leidet niemand im Haushalt an einer Allergie gegen Heu, Stroh, Staub oder Tierhaare?

• Habe ich jemanden, der sich während meines Urlaubs oder wenn ich krank bin genauso liebevoll um sie kümmert wie ich? Manche Züchter nehmen Rennmäuse auch in eine eigene „kleine" Rennmaus- Pension.

• Bringe ich die nötige Toleranz für die häufigen Scharr- und Knabbergeräusche der kleinen Nager auf und lasse ich sie schlafen, wenn sie sich zurückgezogen haben?

• Habe ich Kinder über 10 Jahre, die verantwortungsvoll mit Tieren umgehen, oder, wenn meine Kinder kleiner sind, lasse ich sie nur in meinem Beisein direkten Kontakt mit den Rennmäusen aufnehmen?

• Mir ist bekannt, dass man Rennmäuse nicht am Schwanz festhalten oder gar hochheben darf, da dieser dann abgeworfen werden kann?

• Lässt mich die deutlich höhere Staubentwicklung rund ums Nagerheim kalt?

• Kann ich den Ekel zu Futterinsekten wie Heimchen überwinden?

• **Wenn Sie alle diese Fragen mit einem eindeutigem Ja beantwortet haben, ist die Rennmaus genau der richtige „Mitbewohner" für Sie.**

Rennmäuse als Haustier für Kinder?

Meist sind es die Kinder, die gegenüber den Eltern den Wunsch äußern, Rennmäuse zu bekommen. Doch muss man wissen, ob das Kind noch zu jung oder schon alt genug ist, verantwortungsvoll mit diesen Nagetieren umzugehen. Je jünger ein Kind ist, umso weniger Verantwortung kann es erfahrungsgemäß für die zuverlässige und regelmäßige Pflege eines Heimtieres übernehmen, auch wenn das manche Eltern nicht wahrhaben wollen. Meist übernehmen dann die Eltern die Pflege des Heimtieres. Fragen Sie sich, ob Sie in so einer Situation bereit dafür wären, die Pflege zu übernehmen und auch keine Angst, gerade vor Mäusen haben. Eine andere Frage wäre, ob die Kinder dann auch begreifen, die Rennmäuse nicht ständig zu stören. Rennmäuse schlafen in einem zwei-Stunden Rhythmus, dürfen aber gerade in den Schlafphasen nicht gestört werden. Rennmäuse sind, wie alle anderen Nager,

>> Der Anblick dieses süßen Geschöpfes verleitet leider viele Leute zum Kauf als Geschenk, dennoch ist ein Lebewesen kein Mitbringsel oder gar ein spontanes Geschenk.

Rennmäuse sind kein Mitbringsel

Kein verantwortungsvoller Züchter oder Zoohändler wird Rennmäuse als Geschenk verkaufen. Es ist schon so oft passiert, dass der Beschenkte mit dem Rennmäusen gar nichts oder nur für kurze Zeit etwas anfangen konnte. Meist werden die Rennmäuse dann zurückgebracht, was für die Rennmäuse ein echter Glücksfall wäre. Viele herzlose Leute machen sich nicht einmal den Weg und bringen das „nicht gewollte" Tierchen zurück. Die kleinen Geschöpfe werden einfach ausgesetzt oder weggeworfen. Ein Gedanke, den ich als Züchter nicht verstehen kann. Aus diesem Grunde muss klar sein: Keine Rennmäuse verschenken, außer, die Anschaffung ist wirklich von allen gewollt und eine lange und ausgiebige Vorbereitung ist vorangegangen und die kleinen Nager finden ein absolut liebevolles Zuhause (für immer)!

sehr stressanfällig und Stress kann Krankheiten auslösen und auf Dauer massiv die Lebenserwartung verkürzen. Kinder unter 10 Jahren sind grundsätzlich nicht für die Rennmaushaltung geeignet. Kleinere Kinder merken auch nicht, wenn sie mal zu fest zugreifen, die Rennmaus quetschen. Die Knochen einer Rennmaus sind sehr dünn und können schnell brechen. Gerade bei Rennmäusen ist es sehr wichtig, dass nur maximal zwei Bezugspersonen für das Tier vorhanden sind. Eine Rennmaus erkennt ihren Besitzer sehr deutlich am Geruch. Will ein fremdes Kind (Besuch) das Tier streicheln, kann es schnell gebissen werden.

Dennoch muss ein Kind unter 10 Jahren nicht auf Rennmäuse verzichten, wenn die Eltern das Rennmäuschen festhalten und das Kind es leicht streichelt. Es ist wichtig, dass Eltern bei Kindern unter 15 Jahren noch ein „Auge" auf den Umgang der Kinder mit den Mäusen werfen.

>> Wenn ein Kind alt genug ist, um sich verantwortungsbewusst um ein solches Heimtier zu kümmern, ist die Haltung von Rennmäusen kein Problem.

Rennmäuse und andere Haustiere

Grundsätzlich dürfen Rennmäuse mit anderen Haustieren wie Hund, Katze und Co. nicht allein gelassen werden. Rennmäuse können sehr unter Stress leiden, wenn die Katze oder der Hund vor dem Aquarium sitzen, und das bedeutet, dass die Nager krank werden können. Rennmäuse gehören auch zu den wenigen Nagetieren, die einen „Herzinfarkt" bekommen können. Den Jagdtrieb bei Katzen, den Spieltrieb bei Hunden, kann man nicht einmal mit der besten Erziehung vollkommen ausschalten. Selbst wenn der Hund oder die Katze mit den Rennmäusen aufgewachsen sind, kann noch sehr viel passieren. Man sollte auch bedenken, das Ratten den Rennmäusen äußerst gefährlich werden können, da sie ebenfalls einen Jagdtrieb besitzen. Generell sollte man die Rennmäuse niemals mit anderen Haustieren allein lassen, und jeglichen Kontakt innerhalb der Haustiere unterlassen.

Wohin mit den Rennmäusen im Urlaub?

„Rennmäuse können sich nicht selbst helfen, ihnen muss geholfen werden". Es muss vor der Anschaffung von Rennmäusen unbedingt bedacht werden, das die Nager auf unsere Hilfe und Pflege angewiesen sind.

Wer gibt den Nagern frisches Wasser, Futter, frischen Badesand und wer beschäftig sich mit den Rennmäusen in der Zeit der Abwesenheit? Diese Frage muss unbedingt bedacht werden, um das „Wohlbefinden" der Rennmäuse zu gewährleisten. Rennmäuse kommen mit frischem Wasser und genug Futter ohne Probleme bis drei Tage „ohne uns" aus, aber wenn man längere Zeit abwesend ist, muss die Betreuung der Tiere gut organisiert werden. Es gibt reichlich Möglichkeiten, das Heimtier in der Zeit der Abwesenheit „gut und sicher" versorgen zu lassen. Die bessere Möglichkeit ist es, die Nager in ihrer gewöhnten Umgebung pflegen zu lassen. Die Person, die über die Zeit der Abwesenheit die Pflege der Rennmäuse übernimmt (das kann ein lieber Nachbar oder auch ein guter Bekannter sein), sollte vorher in die Wohnung kommen und sich mit den Tieren vertaut machen. Sie sollte keine Angst vor Mäusen haben und sich auch nicht scheuen, das Heim der Rennmäuse sauber zu machen. Was passiert aber mit den Rennmäusen, wenn man keinen lieben Nachbarn oder einen guten Bekannten hat, der sich um die Rennmäuse kümmert? Dann gibt es immer noch zwei Möglichkeiten: Sie können die Rennmäuse in eine Tierpension geben oder Sie haben einen Züchter in der Nähe, der wie ich, Ihre Rennmäuse auch in „Urlaubspflege" nimmt. Dazu müssen die Rennmäuse in einer geeigneten Transportbox zu der jeweiligen Pflegestelle gebracht werden. Wenn das Nagerheim zu groß ist, um es mitzugeben, ist es wichtig, für solche Momente immer ein „Zweitbecken" zu Hause zu haben. Für die Übergangslösung reicht ein 60 cm x 40 cm x 40 cm Aquarium vollkommen aus. Das gewohnte Häuschen, Futter, Trinkflasche und Sand sind mitzugeben und es muss gewährleistet sein, dass die Rennmäuse in ihrer Pflegstelle auf ihre Bedürfnisse abgestimmt untergebracht sind, das heißt: Nicht in der prallen Sonne, nicht zu kalt und nicht zu warm (zwischen 25 bis maximal 27 C° sind in Ordnung). Rennmäuse sollten nicht mit in den Urlaub genommen werden. Die lange Zeit, selbst in einer geeigneten Box, ist reinster Stress für die Tiere. Rennmäuse vertragen weder Wärme noch Kälte, und würden den Urlaub sicher nicht unbeschadet überstehen!

Unterhaltskosten auch für kleine Nager

Woran man ebenfalls vor der Anschaffung denken muss ist, dass auch kleine Rennmäuse Geld kosten. Die Kosten für frisches Futter, Chinchilla-Badesand, Kleintierstreu und Zubehör sind zwar nicht so hoch wie bei einem Hund oder einer Katze, müssen aber jeden Monat aufgebracht werden. Ebenfalls darf man nicht außer Acht lassen, dass auch mal eine Rennmaus krank werden und die Hilfe eines Tierarztes nötig werden kann. Dies bedeutet zusätzliche Kosten für Behandlung und Medikamente, an denen die Gesundheit und des Leben des Heimtieres nicht scheitern darf. Herzlose Menschen kalkulieren dann mit dem Leben und dem materiellen Wert des Heimtieres und sagen sich, dass ein neues Tier billiger wäre.

Abschied nehmen, wenn die Zeit gekommen ist

Eine Rennmaus hat kein so kurzes Leben wie eine Farbmaus, aber auch kein so langes wie ein Hund. Daran sollte ebenfalls vor der Anschaffung gedacht werden. Auch bei noch so guter Pflege wird eine Rennmaus nicht älter als vier bis maximal sechs Jahre. Dann ist ein Abschied von dem geliebten „Mitbewohner" unausweichlich. Während Erwachsene wissen, dass der kleine Nager jetzt sein Alter erreicht hat und sein Leben auf der Erde vorbei ist, ist es in dieser Situation meist für Kinder die erste Erfahrung mit dem Tod. Jetzt brauchen die Kinder ihre Eltern, die ihnen erklären, warum das geliebte Rennmäuschen jetzt nicht mehr bei ihnen ist. Wenn eine Rennmaus älter wird, beginnt das Fell auch rau und struppig zu werden, der Rücken wird etwas krummer und die Augen sind nicht mehr so weit offen, dies muss nicht immer ein Grund für eine Krankheit sein. Aufbaufutter, kann dann leichte Abhilfe schaffen, nur wenn die Zeit für unseren Artgenossen gekommen ist, heißt es leider, Abschied nehmen.

Solche Überlegungen sind egoistisch, traurig und unmoralisch und lassen vollkommen das Leben der Tiere außer Acht. Gerade bei Rennmäusen muss beachtet werden, dass die Nager ohne ihren Partner sehr schnell vereinsamen und auch daran zugrunde gehen können. Eine neue Vergesellschaftung bringt nicht nur Kosten und Zeitaufwand, sondern auch höchsten Stress für das Tier mit sich und gelingt selten auf eigene Faust. Meist kommt man dann nicht an einem erfahrenen Züchter vorbei, der die Vergesellschaftung über 14 Tage übernimmt. Wir sollten den Kindern ein gutes Vorbild sein und das Leben des kleinen Nagers schützen und schätzen, und es nicht wegwerfen, nur weil man das Geld nicht ausgeben will. Wenn man so denkt, sollte man sich kein Heimtier anschaffen.

➤ Genügend Platz, ein gemütliches, dunkles Häuschen, saubere Einstreu und artgerechtes Fressen sind die Grundlage für ein „königliches" Rennmausleben!

17

Der Kauf von Rennmäusen

» Gesunde und glückliche Rennmäuse

Haben Sie sich vorher bestens über die Bedürfnisse und Ansprüche von Rennmäusen informiert, können Sie Ihre zwei, drei oder auch vier „Lieblinge" zu sich nach Hause holen.

Aber wo erhalte ich meine Rennmäuse, damit ich auch am Ende glücklich und nicht enttäuscht bin? Bei einem Kauf in einer Zoohandlung sollten Sie unbedingt die Augen offen halten und sich genau die Haltungsbedingungen der Nager ansehen. Wer gleich beim erstbesten Angebot zuschlägt, für den kann das unter Umständen teuer werden, wenn eine kranke oder auch vorgeschädigte Rennmaus (durch Mangelerscheinungen oder zu frühes Trennen von der Mutter) erworben wird. Rennmäuse aus sehr gut geführten Zoofachhandel oder von professionellen Züchtern sind eine sehr gute Wahl, und Sie werden viel Freude mit den Nagern haben. Diese beiden Anlaufstellen bieten Ihnen auch Hilfe bei Problemen und Fragen zum Thema Haltung.

Der Kauf in der Zoohandlung

Wenn man sich zum Kauf seiner Rennmäuse in einer Zoohandlung entscheidet, muss man unbedingt darauf achten, dass diese Zoohandlung ein Zertifikat hat. Nur Zoohandlungen, die wirklich sehr gut sind, erhalten das Gütesigel vom Zentralverband Zoologischer Fachbetriebe e.V.(ZZF), das so viel wie „Ausgezeichnetes Fachgeschäft" bedeutet. Wenn dies der Fall ist, kann nichts schiefgehen. Der zweite Punkt, woran man eine gute Zoohandlung erkennt, sind die Haltungsbedingungen sowie auch der Gesundheitszustand der Tiere. Dabei sollte man sich nicht nur auf die Nagetiere, sondern auch auf andere Tierarten konzentrieren, um den Qualitätsstandard genau einschätzen zu können.

▶ WORAN ERKENNE ICH EIN GUTES ZOOGESCHÄFT?

- In dem Aquarium ist ausreichend Platz (max. 10 kleine Mäuse oder 4 große Rennmäuse in einem 60x40x40 cm Aquarium).

- Die Streu ist sauber und mindestens 5 cm hoch (keine Pellets), die Scheiben sind nicht verschmiert.

- Die Rennmäuse sind nach Geschlechtern getrennt.

- Es ist ein Rennmaushäuschen vorhanden, das nicht stark verschmutzt aussieht.

- Es ist mindestens eine Nippeltränke vorhanden.

- Es ist ein Nagerstein vorhanden (ist unentbehrlich für die Muskeln und Knochen der Tiere, gerade für die Jungen sowie für die Muttermilch).

- Es ist frisches Heu vorhanden.

- Die Rennmäuse stehen nicht im grellen Sonnenlicht.

- Das Aquarium ist nicht für jeden zugänglich (nicht jeder kann nach Lust und Laune nach den Rennmäusen greifen).

- Die Luftzufuhr ist gewährleistet (Terrarium oder Gitterdeckel).

- Glatt anliegendes, sauberes Fell der Mäuse.

- In einer gute Zoohandlung werden Sie freundlich und kompetent beraten, dürfen die Nager auch mal vorsichtig auf die Hand nehmen und die Verkäufer beraten sie ausführlich und beantworten Ihnen alle offenen Fragen.

≫ Achten Sie beim Kauf unbedingt auf hygienische Verhältnisse, sowohl bei Einrichtungsgegenständen als auch bei den Rennmäusen.

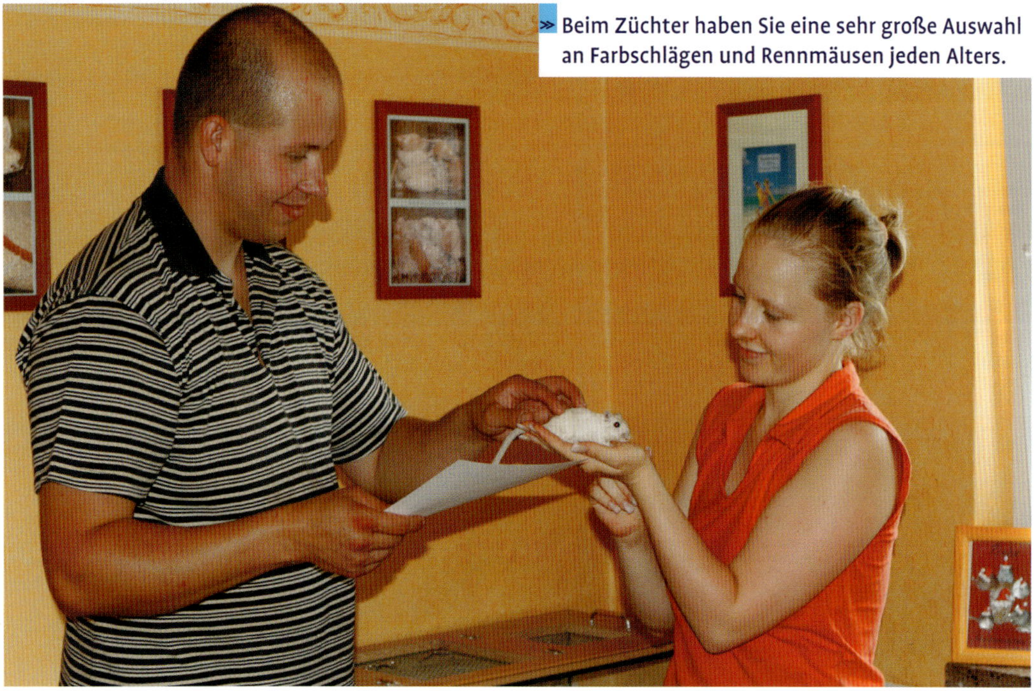

>> Beim Züchter haben Sie eine sehr große Auswahl an Farbschlägen und Rennmäusen jeden Alters.

Der Kauf beim Züchter

Es gibt mittlerweile viele Rennmauszüchter in ganz Deutschland. Meist muss man aber trotzdem sehr lange suchen, um einen geeigneten zu finden. Auch in dieser Branche gibt es schwarze Schafe, die es mit der artgerechten Haltung der Rennmäuse nicht so genau nehmen und nur „produzieren". Aber es gibt auch viele seriöse Züchter, wo man umfassend beraten und jede Frage „professionell" beantwortet wird. Beim Züchter hat man einige Vorteile. Zum Ersten hat man meist eine große Auswahl an Farbvarianten, bekommt Stammbäume zu den Rennmäusen und alles wird sehr genau erklärt. Wenn ich Rennmäuse verkaufe, dauert das Gespräch manchmal bis zu zwei Stunden. Ein Züchter nimmt sich alle Zeit der Welt, um wirklich die Fragen des Halters zu beantworten. Er bietet auch die Vergesellschaftung von einzelnen Rennmäusen an, dann bleiben die Rennmäuse des Besitzers meist 10-14 Tage beim Züchter und werden mit zwei kleinen Babys vergesellschaftet. Das hat seine Vorteile: Man bekommt eine sicher funktionierende Gruppe mit, hat Gewissheit, dass alles in Ordnung ist, und muss keine „Nerven" bei der Vergesellschaftung lassen. Suchen Sie lieber etwas länger nach einem guten Züchter, Sie werden dann lange Zeit Freude an den Rennmäusen haben und Sie können sich jederzeit wieder bei dem Züchter melden, wenn Sie eine Frage oder ein Problem haben. Er wird eine Lösung finden!

▶ WORAN ERKENNE ICH EINEN GUTEN ZÜCHTER?

Er fragt als Erstes bei Ihnen nach, für wen die Rennmäuse sind und ob Sie sich gut informiert haben (wenn nicht, erklärt er Ihnen alles im ersten Gespräch).

Das erste Gespräch: Ihnen wird angeboten, sich die Elterntiere oder auch die Mäusekinder im Vorfeld einmal anzuschauen, dann wird Ihnen alles sehr gut erklärt, Sie dürfen alle Ihre Fragen stellen, die Ihnen auch freundlich und professionell beantwortet werden.

Sie bekommen Papiere – Stammbäume und eventuell auch Jungtierdatenblätter– diese dienen der Sicherheit, dass es sich nicht um Inzuchttiere handelt.

Sie bekommen Futter für die Umgewöhnung mit (und man erklärt, wie es funktioniert).

Er legt fest, ob eine Männchengruppe oder doch lieber eine Weibchengruppe für Sie besser geeignet ist.

≫ Eine absolut gesunde und „kompakte" Rennmaus, hat glatt anliegendes Fell.

▶ DER GESUNDHEITS-CHECK FÜR RENNMÄUSE

Die Rennmaus hat keine Verletzungen und zieht auch nicht ein Beinchen hinter sich her.

Das Mäulchen ist sauber und riecht nicht faulig oder säuerlich.

Die Zähne sind gleichmäßig lang und ohne Deformationen.

Das Fell ist glatt anliegend, sauber und ohne kahle Stellen.

Die Nase ist sauber, nicht schleimig, ohne Rötung.

Es sind keine klickenden Atemgeräusche zu hören.

Die Rennmaus hat eine saubere und trockene Aftergegend.

Die Rennmaus hat klare, glänzende, weit offene Augen ohne Ausfluss.

Die Rennmaus hat eine schnelle Reaktion und ist sehr lebhaft.

Der Rücken ist nicht gekrümmt, verformt oder kantig, sondern schön gleichmäßig.

Es ist keine sichtbare Abmagerung zu sehen, keine Knochen, die hervorstehen.

Es deuten keine Anzeichen (wie kleine schwarze oder rote Punkte) auf dem Fell der Nager auf Parasitenbefall.

Wenn eine Rennmaus nicht wie die anderen gleich zum Fressen stürmt oder trotz guten Appetites nicht zunimmt, lässt das auf eine Erkrankung schließen.

Das Herz einer Rennmaus schlägt 360-430-mal und sie macht 70-120 Atemzüge pro Minute. Die Körpertemperatur beträgt 37,4-39,0 °C.

» Eine Rennmaus hat
einen gesunden Appetit.

Der Heimtransport

Die Rennmäuse sollten in einer Transportbox aus Plastik transportiert werden, die ausbruchssicher ist und genügend Luftschlitze hat. Bei warmen Temperaturen könnte die Rennmaus sonst leicht einen Hitzeschock bekommen. Es sollten 4 cm Einstreu hinein, ein kleines Häuschen oder eine kleine Pappschachtel und ein Stück Gurke, damit die Flüssigkeitsversorgung sichergestellt ist. In Transportboxen dürfen die Nager nicht allein gelassen werden, weder im Auto, noch in der Wohnung und schon gar nicht bei warmen oder kalten Temperaturen. Vermeiden Sie jeden Stress der Tiere während des Transports und nehmen Sie die Nager auch nicht heraus oder streicheln sie. Die Rennmäuse werden sich auf der Fahrt in ihrem „Reisehäuschen" aneinander kuscheln und stehen massiv unter Stress. Wenn Sie zu Hause angekommen sind, müssen Sie das „Reisehäuschen" mitsamt der Rennmäuse in das neue Rennmausheim stellen und lassen Sie die Rennmäuse jetzt mindestens drei Tage ganz in Ruhe. Wenn die kleinen Nager sich nach dieser Zeit beruhigt haben, werden sie ihr Heim neugierig erkunden. Lassen Sie den Rennmäusen genügend Zeit, um sich einzugewöhnen, bis Sie die kleinen Kerle das erste Mal anfassen und Kontakt mit ihnen aufnehmen. Eine Transportbox ist ungeeignet als Mäuseheim auf Dauer!

» Einen Teil der Box mit einem Handtuch abdecken, das schafft etwas Dunkelheit und somit ein Gefühl von Schutz für die Nager.

Der Transport mit dem Tiertransportservice

Was tun, wenn ein guter Züchter viel zu weit entfernt wohnt? Viele Züchter, wie ich, versenden Ihre Tiere deutschlandweit mit einer Tierspedition, die sich auf den Transport von Lebewesen spezialisiert hat. Diese Variante kann zwischen 22-50 Euro kosten, ist aber eine sehr sichere Sache. Dabei ist es wichtig, keine billige Spedition auszuwählen, da diese meist auch anderes Frachtgut versendet und nicht besonders gut mit den Boxen umgeht. Woran erkenne ich eine gute Tierspedition?

Sie sollten die Rennmäuse in der Nacht transportieren, da es für die Heimtiere im Dunkeln weniger stressig ist als am Tage. Meist werden die Rennmäuse abends geholt und sind dann am nächsten Morgen bei ihrem neuen Halter angekommen.

» Eine solche Box eignet sich am besten für den Transport der Rennmäuse.

Die Boxen sollten gut luftdurchlässig und mindestens 30 cm x 25 cm x 25 cm groß sein. Es sollte ein Häuschen in Form eines kleinen Kartons vorhanden sein, ein wenig Futter und ein großes Stück Gurke . An heißen sowie an kalten Tagen muss sehr viel „zerfetztes" Küchenpapier in der Box sein. Das dämmt im Winter die Wärme und schützt im Sommer vor Hitze.

Die Tiere sollten in einem klimatisiertem Transporter verschickt werden, ist dies nicht der Fall, müssen sie im Winter beim Fahrer vorn mitgenommen, oder an kühlen Sommertagen verschickt werden.

» **Eine Transportbox für „längere Reisen" muss auch „nagersicher" sein.**

Sie muss klimasicher eingerichtet sein und es muss ein Stück Gurke am Rand befestigt werden, um den Flüssigkeitsbedarf zu gewährleisten.

Das Geschlecht bestimmen

Rennmäuse sind sehr vermehrungsfreudige Nager, sie sind bereits mit 65 Tagen geschlechtsreif, und ein Pärchen kann im Monat bis zu neun Welpen werfen. Damit beim Kauf kein Missgeschick passiert und am Ende viele kleine Rennmäuse im Nagerheim sitzen, muss schon beim Kauf auf das Geschlecht geachtet werden. Zoohandlungen können in der Regel das Geschlecht gut erkennen, wenn die Rennmäuse nicht zu klein sind. Züchter wie ich, geben Ihre Mäuse erst mit durchschnittlich fünf Wochen ab und können das Geschlecht der Rennmäuse dann zu 100% bestimmen. Bei Männchen liegen die Anal- und Geschlechtsöffnungen viel weiter auseinander als bei Weibchen. Bei ausgewachsenen Rennmäusen kann man sehr deutlich die ausgebildeten Hoden erkennen. Es kommt leider immer wieder vor, dass man ein trächtiges Weibchen erwirbt und dann wenig später „Nachwuchs" im Nagerheim bemerkt. Wenn Sie sicher sein wollen, keine trächtigen Rennmäuse zu erwerben, dann sprechen sie den Händler darauf an.

Die Gruppenzusammensetzung

Rennmäuse dürfen niemals allein gehalten werden, da sie sehr schnell vereinsamen. Krankheit, Aggressivität und nicht selten der Tod sind dann die Folge. Es ist immer besser eine Gruppe aus zwei, vier oder sechs Rennmäusen gleichen Geschlechts zusammenzusetzen. Hat man drei Rennmäuse, kann es immer vorkommen, dass eine allein in der Ecke sitzt und zwei immer zusammen sind. Bei größeren Gruppen spielt das keine so große Rolle. Ob eine reine Männchen- oder Weibchengruppe, hängt ganz davon ab, ob es Geschwister sind oder nicht. Wenn die Rennmäuse noch unter fünf Wochen sind, lassen sie sich in der Regel sehr gut vergesellschaften, da reicht es, die Rennmäuse einfach in einem neutralen Behältnis zusammenzusetzen. Wenn die Rennmäuse allerdings über sechs Wochen alt sind, ist eine Vergesellschaftung unausweichlich, da die Rennmäuse in der fünften bis sechsten Woche ihren eigenen Gruppengeruch entwickeln. Setzt man jetzt einfach zwei Männchen aus zwei verschiedenen Würfen zusammen, kann das zu blutigen Beißereien führen. Weibliche Rennmäuse sollten nur von einem erfahrenen Züchter über Tage vergesellschaftet werden, da weibliche Rennmäuse sehr temperamentvoll sind. Bei Geschwistern hat man diese ganzen Probleme nicht, da sie zusammen aufgewachsen sind. Man darf niemals eine Gruppe aus Böcken (Männchen) und einem Weibchen oder zwei Weibchen und einem Bock zusammensetzen. In diesem Fall würden die beiden Männchen um das Weibchen kämpfen und umgedreht genauso, bis am Ende einer gewonnen hat und einer totgebissen wurde. Diese Zusammensetzung endet immer blutig. Wenn man sich dafür entscheidet, ein Pärchen zu halten, dann nur 1:1 und nicht anders. Von einer Kastration von Rennmäusen würde ich (außer, wenn es gesundheitlich notwendig ist) absolut abraten, da das Narkoserisiko bei den kleinen Körpern extrem hoch ist!

>> Eine harmonierende Gruppe von Rennmäusen funktioniert nur bei Rennmäusen des gleichen Geschlechts.

Die Vergesellschaftung

Eine Sache, die man, wenn man nicht genug Erfahrung hat, unbedingt von einem Züchter durchführen lassen sollte!

Mongolische Wüstenrennmäuse sind sehr soziale Tiere, deshalb ist eine Einzelhaltung Tierquälerei und es kann nötig werden, einzelne Rennmäuse zu vergesellschaften. Fremde Rennmäuse akzeptieren sich trotz der Geselligkeit aber nur äußerst selten auf Anhieb. Sie leben in freier Wildbahn in Großfamilien zusammen, die sich durch den Gruppengeruch voneinander unterscheiden. Riecht eine Rennmaus anders, wird sie aus dem Familienrevier verjagt oder getötet. Auch in menschlicher Obhut entscheidet ihre empfindliche Nase darüber, wer Freund und

wer Feind ist. Daher muss man fremde Rennmäuse vergesellschaften und langsam mit der anderen Rennmaus vertraut machen, das klappt nicht immer sofort. Für Rennmäuse bedeuten Vergesellschaftungen großen Stress und die Gefahr, sich gegenseitig schwer zu verletzen. Man sollte nur vergesellschaften, wenn es unbedingt nötig ist, z.B. wenn nach dem Tod eines Partners oder nach Streitigkeiten eine einzelne Rennmaus zurückbleibt, oder zur Zucht. Man sollte nie an einer bestehenden, gut funktionierenden Gruppe etwas verändern oder versuchen, ganze Gruppen zusammenzubringen. Der Misserfolg ist dabei vorprogrammiert. Ebenso sind Jungtiere unter sechs Wochen untereinander oder mit einer älteren Rennmaus besser zu vergesellschaften als ältere Rennmäuse miteinander, da sie noch keinen intensiven Eigengeruch haben.

>> Eine Begrüßung auf Rennmausart

**Eine perfekt gelungene
Vergesellschaftung – Mein Tipp:**

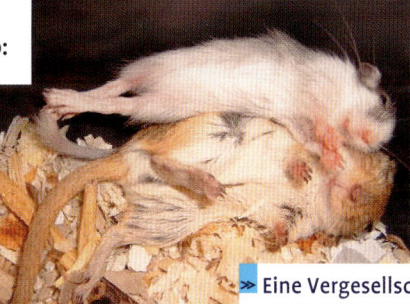

≫ Eine Vergesellschaftung erfordert viel Gefühl
und Erfahrung, aber ohne Sie würde eine einzelne
Rennmaus schnell vereinsamen und sterben.

Die Zwangshaltung / Miniboxmethode

Das ist eine sehr effektive Methode, um Rennmäuse zu vergesellschaften. Um zwei adulte (ausgewachsene) Rennmäuse zu vergesellschaften (z. B. zur Zucht, wenn der Partner verstorben ist), ist es besser, die Tiere mit der sogenannten „Trenngitter-Methode" aneinander zu gewöhnen. Die Zwangshaltung beruht darauf, dass den Rennmäusen nicht genug Platz zur Verfügung steht, um ernste Streitigkeiten zuzulassen. Gleichzeitig bilden die Rennmäuse einen eigenen Gruppengeruch, da sie nah aneinander liegen.

Je nach Anzahl der zu vergesellschaftenden Rennmäuse benötigt man eine kleine (durchsichtige) Box: Eine adulte Rennmaus mit zwei oder drei Jungen benötigt eine Box mit den Maßen 16 cm x 9 cm x 12 cm (B x T x H), das gilt ebenfalls bei der Vergesellschaftung von mehreren Jungtieren. Eine adulte Rennmaus mit vier Rennmäusen benötigt eine Box mit den Maßen 17 cm x 10 cm x 12 cm. Die Box sollte nur mit 1,5 cm Einstreu ausgestattet sein und vorher mit Essigwasser ausgewaschen werden, damit möglichst kein Rennmaus-Geruch in der Box ist! Versteckmöglichkeiten wie Papprollen, Heu, Stroh oder Ähnliches sind tabu! Nun setzt man zuerst die ruhigste, schwächste bzw. kleinste Rennmaus in die Box, dann die etwas größere und zuletzt die aggressivste Maus. Jetzt heißt es, Ruhe bewahren. Die Rennmäuse müssen nun eine neue Rangordnung ausfechten. Dies geht jedoch nicht ohne Rangelei und viel Gefiepe. Im Normalfall richten sich die Rennmäuse voreinander auf und betrommeln sich mit den Vorderpfoten. Sollten

die Rennmäuse jedoch ein Knäuel bilden und sich ineinander verbeißen, ist es Zeit, einzugreifen! Trennen Sie die Rennmäuse voneinander und untersuchen sie diese auf Verletzungen. Achten Sie darauf, dass Sie nicht an den Rennmäusen ziehen oder Gewalt ausüben! Sollten die Rennmäuse nach Ihrem Eingreifen mit der behandschuhten (!) Hand immer noch nicht voneinander ablassen, können auch einige Spritzer Wasser Abhilfe schaffen. Sollten keine Verletzungen zu sehen sein, setzt man die Rennmäuse wieder ins jeweilige Aquarium und versucht es in 30 Minuten erneut. Irgendwann sieht man dann auch erste Unterwerfungsgesten (zu Boden gehaltener Kopf und geschlossene Augen). Die Rennmäuse sind ruhiger, aber es kann auch hier noch zu Rangeleinen kommen. Man hört nur noch ab und zu ein Fiepen und andere fangen sich sogar schon wieder an zu putzen. Wenn die Rennmäuse auf

27

einem Haufen liegen, ist der erste große Schritt meistens getan. Sollte es dann wieder nicht funktionieren, wendet man die „Trenngitter-Methode" an. Diese ist aufwendiger und würde hier den Rahmen sprengen. Dazu nehmen Sie bitte mit mir Kontakt auf (letzte Seite im Buch). Wenn die Rennmäuse dann mindestens sechs Stunden (ohne sich zu rangeln) aneinander liegen, kann man ein Stück Gurke hineinlegen, um den Flüssigkeitsbedarf zu gewährleisten. Die Rennmäuse bleiben jetzt 24 Stunden in dieser Box und sollten sehr gut beobachtet werden. Nachts stellt man die Box neben das Bett, damit man hört, wenn sie sich jagen sollten. Günstig ist es, die kleine Box in eine große Box zu stellen (falls die Nager sich durch die Box nagen soll-

➤➤ **Wenn eine Vergesellschaftung geglückt ist, hat man für immer eine stabile Gruppe.**

ten). Bei Verletzungen ist der Tierarzt aufzusuchen! Nach 24 Stunden wird die noch unsichere Gruppe in eine größere Box (circa 25 x 20 x 20) umgesetzt und wieder gut beobachtet. Nun kann den Rennmäusen in einer kleinen Schale Futter gereicht werden. Nach 48 Stunden setzt man die Rennmäuse in ein 60 cm x 30 cm x 30 cm Aquarium (nur mit Streu, Futter und Wasserflasche) und beobachtet sie gut. Nach erneuten 24 Stunden stellt man ein Häuschen hinein. Sollte dies alles gut funktionieren, können die Rennmäuse nach 14 Tagen

(mit der alten Streu) in ihr großes Aquarium umziehen. Treten bei einem der Schritte wieder Rangeleien auf, ist der verfügbare Platz sofort wieder zu reduzieren! Bei heftigen Streitereien müssen die Rennmäuse wieder in die Minibox gesetzt werden und alles beginnt von vorne. Die Zwangshaltung eignet sich am besten zur Vergesellschaftung von älteren Rennmäusen mit Jungtieren oder nur von Jungtieren. Bei schwierigeren Fällen wende ich die „Trenngitter-Methode" an. Die Zwangshaltung ist in meinen Augen stressfreier und in leichten Fällen effektiver. Bei jeder Vergesellschaftung muss man mindestens drei Tage zu Hause bleiben, um die Tiere gut im Auge behalten zu können. Bei einer zu schnellen und falschen Vergesellschaftung können schwere Bissverletzungen auftreten, die nicht selten zum Tod führen! Bei jeglicher Art von Bissverletzungen ist der Tierarzt und am Wochenende der Nottierarzt aufzusuchen!

Rennmäuse und ihre Farbvarianten

Ganz klar, Rennmäuse haben ihre wachsende Beliebtheit ihren vielfältigen Farbvarianten zu verdanken. Von Schneeweiß bis Tiefschwarz, von knalligem Rot bis dezent cremefarben, von gescheckten bis umfärbendem Fell – bei der Farbauswahl des neuen Mitbewohners, hat der Halter kein leichtes Spiel. Die Naturfarbe der Rennmäuse ist Agouti (wildfarben), die klassische braunschwarze Fellzeichnung. Füchse sind bei den Haltern eine der liebsten Farben. Es gibt Exemplare wie den Kohlfuchs und den Blaufuchs, die sich innerhalb von fünf Tagen komplett umfärben. Es gibt bei den Rennmäusen sechs Zuchteinteilungen, diese Farbvarianten sind nach deutschem Zucht- und Ausstellungsstandart anerkannt und werden von professionellen Züchtern nach den verbindlichen Rassestandards gezüchtet. Diese Zuchttiere haben auch einen Stammbaum mit Jungtierdatenblatt über vier Generationen. Dies ist in der professionellen Zucht von großer Bedeutung, da die Generationen vorher und ihre Gencodes eine große Rolle in der Farbvielfalt spielen. Diese Standards erhält man aber nur bei professionellen Rennmauszüchtern.

▶ ALLE SECHS ZUCHTVARIANTEN IM ÜBERBLICK

Uni: Eine einfarbige Rennmaus in leichten bis kräftigen Standardfarben.

Fuchs: Der Bauch und die Oberseite haben jeweils eine andere Farbe.

Dilute: (verdünnen) Die Farbpigmente verklumpen und die Farbe der Rennmaus vermindert sich. Aus einer schwarzen Rennmaus wird eine blaue.

Colourpoint: Die Rennmaus wird aufgehellt, bis auf Nase, Schwanz und Ohren. Eine weiße Rennmaus bekommt einen schwarzen Schwanz, schwarze Ohren und eine schwarze Schnauze (Colourpoint-Kohlfuchs).

Schimmel: Die Pigmentierung der Rennmaus verändert sich. Gelb wird stärker als Schwarz, die Rennmaus verblasst mit dem Alter. Anders beim Algierfuchsschimmel, er bleibt immer sehr farbenkräftig.

Schecken: Die Rennmaus bekommt weiße Flecken am Kopf, Nacken oder auch auf dem Körper. Die Grundfarbe wird etwas aufgehellt.

Die Variante Uni:

Platin, Schwarz, Anthrazit, Gold, Hermelin, C-Seberator, Altweis, Apricot, Elfenbein, Saphir, Agouti

Die Variante Dilute:

Dilute-Agouti, Dilute-Anthrazit, Dilute-Silberagouti, Dilute-Marder, Dilute-Kohlfuchs, Dilute-Polarfuchs, Dilute-Blaufuchs, Dilute-Algierfuchs, Dilute-Blau

Die Variante Colourpoint:

Colourpoint-Algierfuchs, Colourpoint-Kohlfuchs, Colourpoint-Agouti, Colourpoint-Apricot, Colour-point-Blaufuchs, Colourpoint-Goldfuchs, Colour-point-Elfenbein, Colourpoint-Rotfuchs, Colourpoint-Silberagouti, Marder (Burmese), Zobel

Die Variante Fuchs:

Polarfuchs, Blaufuchs, Kohlfuchs, Algierfuchs, Goldfuchs, Rotfuchs

Die Variante Schimmel:

Polarfuchsschimmel, Kohlfuchsschimmel, Blaufuchsschimmel, Algierfuchsschimmel, Rotfuchsschimmel, Silberschimmel

Die Variante Schecke:

Alle Farben sind auch als Schecken möglich: Punktschecke, Kragenschecke, Starkschecke, Superschecke.

Haltung und Pflege

Das artgerechte Rennmausheim

Rennmäuse müssen prinzipiell in Aquarien gehalten werden, da Käfige meist zu klein sind und Rennmäusen zu den Nagern gehören, die extrem gute Zähne haben und den Boden eines Käfigs oder auch dünne Metallstäbe mit Leichtigkeit zernagen können (Plastik ist giftig für die Tiere).

Rennmäuse brauchen mindestens 15 cm Einstreu im artgerechten Heim, dies ist in der Käfighaltung nicht möglich. Eine Haltung von Rennmäusen in Aquarien bringt daher auch einige Vorteile mit sich:

» Solche Nagerkäfige sind ungeeignet.

• Die kleinen Kerle können die Einstreu nicht herauswerfen. Rennmäuse sind Wühler, und ein Aquarium mit 40 cm Höhe ist zu empfehlen.

• Man kann die Rennmäuse durch die Glasscheibe viel besser beobachten als durch Stäbe.

• Ein Aquarium lässt sich viel besser reinigen.

• Bei einem Aquariendeckel mit viel Gitter (1 cm x 1 cm Maschenbreite und nicht mit Kunststoff ummantelt), ist auch die Luftzufuhr gewährleistet.

• Man hat eine geringere Zugluftgefahr.

• Die Rennmäuse nagen nicht Tag und Nacht an Gitterstäben.

• Beim Bau von einem Aquariendeckel muss unbedingt darauf geachtet werden, dass keine spitzen Nägel, scharfe Kanten vom Draht oder Leimreste vorhanden sind. Verletzungsgefahr!

» Ein artgerechtes Rennmausheim mit viel Platz und vielen Kletter- sowie Spielmöglichkeiten

Die passende Aquariengröße

Für zwei Rennmäuse ist ein 80 cm x 40 cm x 40 cm Aquarium ausreichend. Für vier oder sechs Rennmäuse ist ein 100 cm x 40 cm x 40 cm Aquarium und für acht Rennmäuse ein 120 cm x 40 cm x 50 cm Aquarium ausreichend. Für eine große Gruppe aus zehn oder zwölf Rennmäusen ist ein 120 cm x 50 cm x 50 cm Aquarium genau das Richtige. Wenn man eine Zucht plant, muss man pro Paar ein 120 cm x 50 cm x 50 cm Aquarium einplanen!

Die richtige Einstreu

Ich benutze zwei verschieden Arten Einstreu. Bei mir hat es sich bewährt, das Aquarium in zwei Bereiche zu teilen. In dem etwas größeren Bereich habe ich normale Kleintierstreu und in dem anderen ungedüngte Blumenerde (10-15 cm hoch).

Diese darf nicht feucht sein, muss noch gut eine Woche trocknen bis sie ins Aquarium kann (Schimmelgefahr!). Dazu breitet man die Erde 2 cm dick auf dem sauberen und gekehrten Boden aus und vermengt sie nach 24 Stunden immer wieder, so wird die ganze Erde super trocken. Wenn der Sack auf ist, ihn nicht feucht lagern und gut verschließen. Achtung bei Billig-Erde! Diese kann Scherben, Schrauben, Glas und noch andere gefährliche Gegenstände enthalten. Die Erde sollte nicht zu lang aufbewahrt werden, um Krankheitserreger zu vermeiden.

➤ **Das Aquarium wird durch drei Pflastersteine, die sicher und fest stehen, oder durch eine große Weidenbrücke in zwei Teile getrennt. Zwei Röhren trennen den Streu- und Erdbereich.**

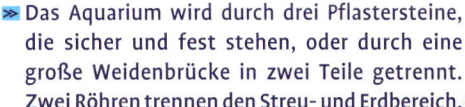

Die Einrichtung

▶ **DAS MUSS AUF DEN EINKAUFSZETTEL**

- Kleintierstreu (muss mindestens 15 cm hoch sein, damit die Rennmäuse wühlen und Gänge graben können).

- Ein Sack ungedüngte Blumenerde (muss dann noch an einem warmen und sehr trockenen Ort getrocknet werden, da Erde gekauft noch feucht ist und das Aquarium schimmeln würde).

- Ein großer Sack 25 kg-Chinchilla-Badesand (mit dem großen kommt man billiger).

- Ein Blumentopf und ein lackierter Untersetzer, der auf den Blumentopf passt. Vorteile von Blumentopfhäuschen: 1. kühl im Sommer, 2. hygienisch sauber und leicht zu reinigen, 3. macht man nicht immer das Nest kaputt, wenn man „nach dem Rechten" gucken möchte.

- Zwei kleine Näpfe für Insekten- oder Keimfutter.

- Zwei etwas größere Näpfe für das Körnerfutter.

- Heu und Stroh als Nistmaterial (Heu ist sehr gut für die Verdauung der Nager).

- Keine Hamsterwatte als Nistmaterial! Hamsterwatte ist sehr gefährlich, die Tiere (vor allem die Mäusebabys) können sich darin verfangen und es kann zur Abschnürung der Gliedmaßen kommen.

- Zwei Papageientaue werden mit einer Kette und einen Karabinerhaken am Deckel des Aquariums befestigt. Die Rennmäuse lieben es, darüber zu klettern.

- Zwei Leitern (eine Holzleiter mit Einkerbungen nicht mit Streben), an denen jeweils zwei Haken befestigt sind, um sie problemlos an die „Deckel- Schüssel" der Häuschen hängen zu können.

- Ein oder zwei Weidenbrücken, je nach Aquarium.

- Eine volle Rolle Toilettenpapier (ebenfalls als Nistmaterial).

- Eine Nippeltränke aus Kunststoff (alle drei Monate erneuern).

▷▷ So sollte das komplett eingerichtete Aquarium aussehen.

>> Solch ein Häuschen ist perfekt geeignet.

Schlaf- und Zuchthäuschen

Rennmäuse brauchen ein Häuschen als Unterschlupf bei Gefahr, Wärme, Kälte aber auch nur, um eng aneinander zu schlafen. Dazu eignet sich ein Blumentopfhäuschen am besten. Es dämmt im Winter vor Kälte und schützt im Sommer vor Hitze. Und man macht nicht immer das Nest kaputt, wenn man mal „nach dem Rechten" oder auch nach den Jungen gucken möchte. Bei der Zucht müssen zwei dieser Häuschen im Aquarium stehen, weil die Zuchtmutter in der Aufzucht den Mann aus ihrem Häuschen jagt, er braucht dann ebenfalls ein Häuschen als Unterschlupf. Holzhäuschen sind wegen der Bakterienbildung durch Urin ungeeignet. Häuschen aus Kunststoff sind nicht geeignet, da die Rennmäuse das Häuschen annagen und der Kunststoff gesundheitsschädigend ist, wenn er verschluckt wird.

>> Eine Mangrovenwurzel oder anderes neu gekauftes Zubehör aus Holz muss 30 Minuten bei 110 °C ausgebacken werden, um Parasiten oder Ähnliches abzutöten.

Der Standort des Aquariums

Das Rennmausheim muss an einem „festen" Platz stehen, wo es auch bleibt und nicht immer hin und her getragen wird. Es muss hell aber nicht in der prallen Sonne (Fensterbrett) stehen und vor Zugluft geschützt sein. Der Platz muss ruhig sein, aber auch ein Ort, wo die Rennmäuse „am Leben der Menschen teilnehmen" können zum Beispiel in der Wohnstube. Rennmäuse dürfen nicht im Zigarettenqualm stehen! Badezimmer und Küche sind ebenfalls ungeeignet. Bei feuchter Luft kann die Erde schimmeln und es kommt zu Krankheiten. Ideal sind Räume zwischen 20-25 C°. Das Rennmausheim muss auf einem Schrank stehen, unten auf dem Boden würden die Rennmäuse stark unter Stress leiden, alles nur von unten sehen, und bei jedem Geräusch in Panik ausbrechen, weil wie in der Natur gefährliche Greifvögel aus der Luft drohen könnten. Rennmäuse sind ebenfalls, wie alle anderen Nager, Lebewesen, die alles gut überblicken möchten. Stress bedeutet Krankheit für die Nager. Auf einer Kommode oder Schrank fühlen sich die Rennmäuse weniger bedroht. In den Ruhephasen sollte kein reger Publikumsverkehr herrschen. Rennmäuse sind tag- und nachtaktiv, sollten also nicht in Schlaf- und Kinderzimmern platziert werden.

➤ ... und wenn die Scheiben immer schön sauber sind, dann macht das Rausgucken noch mehr Spaß!

Reinigung des Rennmausheimes

Das Aquarium muss aller fünf bis sechs Wochen gereinigt werden. Dabei werden alle Gegenstände mit heißem Wasser abgewaschen und abgebürstet (ohne Zugabe von Reinigungsmitteln) und zweimal im Jahr mit etwas Desinfektionsmittel (unbedingt vom Tierarzt Mittel und Mischverhältnis erfragen) gereinigt. Danach alles gut trocknen lassen, und dann neu einrichten. Die Rennmäuse verbleiben in dieser Zeit in der Transportbox. So werden Krankheiten vermieden und die Rennmäusen bleiben wohlauf. Trinkflasche, Napf, Sandschale müssen jeden Tag erneuert werden und das Aquarium muss auf Frischfutterreste abgesucht werden. Durch verfaultes Obst können die Rennmäuse krank werden.

» Auch die Einrichtungsgegenstände müssen regelmäßig gereinigt werden.

Der richtige Wasserspender

Auch Rennmäuse trinken viel, Frischobst ist kein Wasserspender! Eine handelsübliche Nippeltränke eignet sich am besten für die Wasserversorgung von Rennmäusen. Sie ist platzsparend und kann (wie Trinknäpfe) nicht zugewühlt werden. An diesen Flaschen ist eine Trinkröhre mit Kugelverschluss, so drückt die Rennmaus mit ihrer Zunge die Kugel zurück, und es kommt Tröpfchenweise frisches Trinkwasser. Lässt sie die Kugel los, verschließt sich der Kanal und es kommt kein Wasser mehr, das Aquarium bleibt trocken. Die Flasche darf nicht aus Glas bestehen, Verletzungsgefahr durch Annagen und Bruch! In dem Fall muss sie aus Kunststoff bestehen und kann auch mit einer richtigen Halterung nicht angenagt werden. Tropfende, beschädigte Flaschen oder solche, die sechs Monate alt sind, müssen erneuert werden! Denken Sie daran, die Flasche alle zwei Tage mit heißem Wasser, ohne Reinigungsmittel zu säubern und täglich frisches Wasser zu geben!

» Die perfekte Flasche mit der passenden Halterung

Der Badesand

Das Sandbaden ist das Wichtigste für das Rennmaus-fell. Die kleinen Nager brauchen diesen Sand, um ihr Fell rein und fettfrei zu halten. Müssten Sie darauf ver-zichten, würde ihr Fell sehr schnell verfetten, die Poren verstopfen und die Rennmäuse würden krank werden. Der Sand muss jeden Tag erneuert werden, da sich in ihm viele Bakterien und Viren sammeln. Er wird von allen Rennmäusen als Toilette benutzt, und das Aus-sieben verhindert nicht, das sich die Bakterien aus-breiten. Krankheiten wären die Folge.

Ein großes Gurkenglas eignet sich hervorragend, bei älteren Rennmäusen sollte es aber gegen eine Bade-sandschale ausgetauscht werden.

Ernährung

Das Grundfutter – Körnermischung

Dieses kann man sich problemlos selber mischen, man kommt dann wesentlich günstiger und es ist gesünder. Hamster- und Mäusefutter oder ähnliches Tierfutter, was nicht für Rennmäuse bestimmt ist, ist ungeeignet. Es enthält zu viel Fett. Wenn man aber „die perfekte Mischung" erzielt, hat man das beste und naturnaheste Rennmausfutter.

▷ ERFOLGSTIPP: DIE RICHTIGE MISCHUNG

100 Gramm Weizen

200 Gramm Sesam

200 Gramm Grassamen (Knaulgras)

100 Gramm Dinkel

100 Gramm Hafer

400 Gramm Wellensittichfutter

200 Gramm Kanarienfutter ohne Rübsen

100 Gramm Möhrenflocken

100 Gramm Maisflocken

100 Gramm getrocknetes Gemüse aus dem Zoohandel (Apfel, Banane, Gurke)

100 Gramm kleine, filigrane Nudeln (Sternchennudeln)

100 Gramm Erbsenflocken

100 Gramm Luzernepellets

100 Gramm Nagerringe (gefärbt aus Gemüse)

Zwei Mäuse bekommen pro Tag 1 Kaffeelöffel voll von dieser Körnermischung.

» Grünfutter aus dem Garten muss gründlich abgewaschen werden, darf nicht von viel befahrenen Straßen oder Hundewiesen sein!

Kalk für den Knochenbau

Ein Kalkstein kann für Ihre Rennmäuse wichtig sein, wenn sie krank sind oder einer außerordentlichen Belastung ausgesetzt sind. Dann kann er ein Mineralstoffdefizit ausgleichen. Der Kalk hilft, Mangelerscheinungen vorzubeugen und den Knochenbau zu festigen. Bei einer ausgeglichenen Ernährung ist der Kalkstein jedoch umstritten, da zu viel Calcium den Körper belasten und zu Nierensteinen führen kann.

▷ ERFOLGSTIPP: GEEIGNETE SAATEN

Hirse, Mannahirse, Rote Hirse, Senegalhirse, Platahirse, Silberhirse (kann auch gemischt werden, alle Hirsesorten ungeschält)

Sonnenblumenkerne weiß, ungeschält

Weizen (ungeschält)

Kardisamen (ungeschält)

Salatsamen schwarz und weiß

Keimen mit einem Keimautomaten

Den Boden des Keimautomaten mit Keimpapier auslegen (bei kleinen Körnchen wie Hirse). Dann die Samenkörner getrennt in einem Küchensieb gut abspülen und pro Etage des Automaten eine Sorte Samen ausbreiten. Oben Hirse (gemischt), in der Mitte Weizen und unten Sonnenblumenkerne. Kardisamen und Salatsamen kommen ebenfalls in die Mitte oder in die oberste Etage. Dabei unbedingt beachten, dass die Samenkörner nicht genau aneinander liegen. Nun wird von oben in den Automaten (spezielle Vorrichtung vorhanden) circa 100 ml Wasser eingegossen. Wenn das Wasser komplett durchgelaufen ist, die Wasser- Auffangschale leeren und wieder darunter stellen. Nach 10 Stunden keimt bereits der Weizen, die Hirse braucht etwas länger. Wichtig: Immer vor der Fütterung die Keime genauestens auf Schimmel untersuchen! Dies kommt leider sehr häufig vor. Sollte an einem Korn auch nur minimal Schimmel zu sehen sein (man muss meistens genau hinschauen), ist das Keimfutter dieser Etage zu entsorgen!

Hygiene beim Keimen

Beim Zubereiten und Lagern von Keimfutter muss man unbedingt auf größtmögliche Hygiene achten. Gekeimtes Futter verdirbt rasch und riecht dann säuerlich beziehungsweise ist mit Schimmelpilzen überzogen. Verfüttern Sie niemals verdorbenes oder schimmeliges Futter an Ihre Tiere! Ist das Futter verdorben, muss es weggeworfen werden. Selbst wenn beispielsweise nur ein geringer Teil des Futters verdorben ist, werfen Sie bitte unbedingt alles weg, da sich Schimmelpilzfäden, für das bloße Auge unsichtbar, mehrere Zentimeter weit durch das Keimfutter ziehen können! Das Futter sollte zudem nie länger als vier Stunden für die Tiere zugänglich sein, da es gerade in den Sommermonaten extrem schnell verdirbt. Die Näpfe, in denen Sie Keimfutter anbieten, sollten Sie nach dem Entfernen der verspeisten Körner heiß und gründlich auswaschen sowie gegebenenfalls desinfizieren, damit sich darin keine krank machenden Erreger festsetzen können.
R.Sistermann

Ein spezieller Keimautomat erleichtert die Herstellung dieses Futters enorm. Er ist für ungefähr 20 Euro in jedem Naturkostgeschäft erhältlich.

» **So sieht ein geeigneter Keimautomat aus.**

▶ GRÜNFUTTER AUS DEM GARTEN

Löwenzahn

Klee

Vogelmiere

Petersilie
Achtung: Nur die „Echte Petersilie", die Hundspetersilie ist giftig! Nicht bei schwangeren Rennmäusen, da Petersilie wehentreibend wirkt!

Spitzwegerich

Gras

Kamille
Achtung: Nur die „Echte Kamille" verfüttern, die andere ist giftig!

Äste und Blätter von Obstbäumen, wie Buche, Birke, Weide
Achtung: Nicht von Nadelbäumen, da diese sehr viel Harz enthalten! Giftig!

Lieber mehr Obst als Gemüse. Gemüse muss gründlich abgewaschen werden, darf nicht von viel befahrenen Straßen oder Hundewiesen sein!

Alle Gemüse-, Obst- und Grünfuttersorten, die nicht mit aufgeführt sind, sind ungeeignet oder sogar giftig!

GEEIGNETES GEMÜSE – OHNE KERNE

Möhren (das Grün in kleinen Mengen, Vitamin A)

Kürbis (Vitamin C, Kalzium, Eisen und Eiweiß)

Paprika (in geringen Mengen, Kerne entfernen)

Johannisbeere (geringen Mengen)
(NUR ROTE! viel Fruchtsäure, viele Vitamine)

Weintrauben (sehr gut waschen, vitaminreich, Mangan sowie Magnesium für die Muskeln und Knochenbau)

Zucchini (geringe Mengen, sonst wie Gurke)

Erdbeere (Folsäure, Mangan, Eisen sowie Calcium, hoher Vitamin-C-Anteil)

GEEIGNETES OBST – OHNE KERNE

Apfel (gut abwaschen und mit Schale geben, da unter ihr die meisten Vitamine sitzen, Vitamin A,B,C,E sowie Eisen und Calcium)

Birne (viele Mineralstoffe, sehr arm an Säure)

Aprikose (Vitamin A, B3, B5, C)

Banane (kann zu Verstopfungen führen, wird aber gern angenommen, Vitamin A, B6)

Wassermelone (hoher Wasseranteil an heißen Sommertagen, ohne Schale und Kerne!)

Honigmelone (hoher Wasseranteil und hoher Mineralstoffanteil)

Kirsche (Vitamin B1,B2,C)

Mango (in geringer Menge, enthält viel Zucker und Fruchtsäure, Vitamin A sowie Eisen)

Pfirsich und Nektarine (viele Vitamine und Mineralstoffe)

Papaya (gut für die Verdauung, vitamin- und mineralstoffreich)

Aufpassen, dass keine verderblichen Waren länger als einen Tag im Aquarium oder Terrarium liegen!

Immer nachschauen, ob sich etwas in der Streu oder im Häuschen befindet!

▶ ZUSATZFUTTER UND NAGEMÖGLICHKEITEN

Zusatzfutter und „Leckerlis" sowie Möglichkeiten zum Nagen sind:

- ungeschwefelte Rosinen
  (1 Rosine am Tag pro Rennmaus)

- Sonnenblumenkerne schwarz-weiß oder weiß
  (2-3 Kerne am Tag pro Rennmaus)

- Knabberstangen (Vitakraft für Mäuse),
  müssen immer vorhanden sein!
  Achtung: immer prüfen, wegen Parasitenbefall!

- Hirsekolben (am besten die roten),
  müssen immer vorhanden sein!

- Naturjoghurt oder Magerquark
  (beides ohne Zusätze, nur eine Messerspitze
  pro Woche) Achtung: Joghurt wird ungekühlt
  schnell schlecht!

Zum Nagen:

- Hundekuchen

- hartes aber nicht schimmeliges Brot
  (Nuss-, Vollkorn-, Knäckebrot gemischt

geben) kein Kartoffelbrot!

- Johannisbrot
  (aus dem Zooladen, nur in geringen
  Mengen geben, sehr zuckerhaltig)

- Zwieback
  (auch sehr gut bei Durchfall und Krankheit)

Lebendfutter und Insektenfutter:

- Mehlwürmer, Steppengrillen und Heimchen
  finden Sie im Zoofachhandel.
  Bei Berührungsängsten könen Sie eine Futter-
  pinzette verwenden.

Zusätzliches Futter aus der Küche:

- gekochte und ungekochte Nudeln
  (ohne Salz)

- gekochter Reis

- Extra-Tipp: Wenn man ein **Brötchen** aushöhlt
  und dann trocknen lässt, ergibt das ein prima
  „Knabberhaus"!

≫ Nagen ist wichtig für
die Abnutzung der Zähne.

≫ **Alles Neue wird genau untersucht.**

Nagemöglichkeiten sind lebenswichtig

Da die Schneidezähne der Rennmaus ständig nachwachsen und sich im Gegensatz zu den Rennmäusen in freier Wildbahn die Zähne in „menschlicher Obhut" nicht von allein abnutzen, muss den Nagern unbedingt die Möglichkeit dazu gegeben werden, dies zu gewährleisten. Wenn das nicht passiert, werden die Zähne zu lang und die Rennmäuse können nicht mehr fressen. Die Zähne nutzen sich beim Benagen von Zwieback, hartem Vollkornbrot, Nagestangen oder Knäckebrot ab. Knabberspaß bieten ausgehöhlte, getrocknete Brötchen wie kurze Zweige und Äste von ungiftigen Bäumen wie Buche, Birke, Weide (alle anderen sind giftig, auch Eichen)! **Wichtig: Die Zweige müssen, bevor sie den Rennmäusen gegeben werden, bei 80-90 °C für circa 30 Minuten in den Backofen, um alle Parasiten abzutöten!** Wenn Sie sich nicht sicher sind, der Zoofachhandel bietet verschiedenes Knabberspielzeug an. Dabei sollten Sie auf die Zusatzstoffe (also wenig Fett, kein Zucker) achten.

Rennmäuse brauchen Beschäftigung

>> **Viele Spielideen sorgen für eine willkommene Abwechslung.**

Rennmäuse sind absolute Gruppentiere und dürfen niemals allein gehalten werden. Rennmäuse vereinsamen sehr schnell, es ist so starker Stress, dass die Tiere erkranken und daran sterben. Eine Einzelhaltung ist unmöglich und wer sich für diese freundlichen Nager entscheidet, muss mindestens zwei Rennmäuse aufnehmen. Rennmäuse brauchen zwar keinen sehr engen Kontakt mit dem Halter, aber etwas regelmäßiger Kontakt ist sehr wichtig für die Zähmung. Unterlässt man den Kontakt, können die Rennmäuse auch nach der Zähmung verhaltensgestört und aggressiv werden. Einmal am Tag eine Stunde für die Rennmäuse ist ausreichend. Man kann sie mit einem „Leckerchen" locken (siehe Ernährung) oder man bastelt Spielmöglichkeiten. Eine leere Toilettenrolle vollgestopft mit Heu, eine leere Pappschachtel, ein kleiner Berg Stroh oder etwa Mangrovenwurzeln mit ausreichend großen Löchern sind gute Beschäftigungsmöglichkeiten. Wenn man sich pro Tag eine Stunde intensiv mit den Rennmäusen beschäftigt, wird den Tieren nicht langweilig, sie erhalten ausreichend Bewegung und fühlen sich rundum wohl. Wenn die Nägel jedoch anfangen, zur Seite zu wachsen, müssen diese vom Tierarzt gekürzt werden. Vergessen Sie nicht, die Tiere regelmäßig auf Parasiten abzusuchen!

≫ „I'm the unknown Stuntmaus."

Der Auslauf

Freilauf ist für die Rennmäuse sehr wichtig. Regelmäßiger Auslauf von einer Stunde hält fit und gesund. Voraussetzung für den Freilauf ist ein sicherer Raum, in dem die Rennmäuse nicht unter Schränke krabbeln oder giftige Pflanzen anfressen können und nicht zertreten oder von Haustieren wie Katzen, Ratten, Hunde usw., verletzt oder gar getötet werden können. Ebenso sind offene Flammen wie eine Kerze, angelehnte Türen, heißes Geschirr, offene Wasserstellen wie Zimmerbrunnen, volle Gläser und Tassen sowie Badewanne und Toilette, herumliegende Stifte, Leim, Medikamente, auch Zigaretten sowie Aschenbecher, Elektrokabel, Kinderfüße (die Rennmaus wird nicht so schnell gesehen) u.v.m. gefährlich.

Es gibt viele Gefahrenquellen beim Freilauf ihrer Lieblinge, die unbedingt beachtet werden müssen, gerade wenn Besuch kommt und die Rennmäuse Freilauf haben. Es klingelt, die Rennmaus kann durch die Tür flitzen, während Sie den Besuch begrüßen oder der Besucher ahnt nichts von den Rennmäusen und läuft einfach drauf los. Ein Mäusekörper ist schnell zerdrückt. Der Besuch muss informiert werden oder der Freilauf wird auf eine späte Stunde gelegt, wo kein Besuch mehr zu erwarten ist. Eine Rennmaus ist schnell in den Schuh gekrochen, also aufpassen beim Schuheanziehen! Kleine Schlitze und dunkle Ecken sind beliebte Rennmausverstecke. Am besten, man lässt die kleinen Kerle nicht eine Minute ohne Aufsicht, so können viele Gefahren erkannt und verhindert werden. Wenn Ihnen ein Rennmäuschen doch mal entwischt, keine Panik! Alle Türen zu, Augen auf, mit ein wenig Futter locken, und mit einer leeren Küchenrolle fangen.

>> Mit etwas Phantasie und Bastelei, kann man den Mäusealltag immer wieder auf's Neue interessant machen!

Die Nager sind meist so neugierig, dass dies ohne Probleme funktioniert. Das Problem sind meist die in Panik geratenen Halter, die mit ihrem Geschrei die Rennmäuse noch mehr verängstigen. Ruhe bewahren ist das beste Mittel, um eine Rennmaus sicher wieder einzufangen. Es kann durchaus dauern, bis die Rennmaus sich beruhigt hat und aus ihrem Versteck gekrabbelt kommt. Dann heißt es, ruhig sitzen bleiben und schnell handeln, wenn das Rennmäuschen in der Rolle ist.

Achtung: Rennmäuse sind sehr schnell und absolut schlau. Die Rennmaus niemals von oben greifen, dies ist genau die Situation, die Rennmäuse in ihrer freien Wildbahn erleben (Eulengriff), wenn ein Greifvogel von oben die Nager zu greifen versucht. Das ist absoluter Stress für die Rennmäuse, und es könnte unter Umständen zum Herzinfarkt der Nager kommen!

Auslauf sollte nur Rennmäusen gewährt sein, die 100% zahm sind. Vorher belastet das nur Halter und Rennmäuse. Wenn die Rennmäuse zahm sind, greift man sie meist ohne Probleme, indem man mit der Hand eine Kuhle bildet und die Rennmäuse von allein hinaufsteigen. Dann die Kuhle schließen und die Tiere sicher ins Nagerheim tragen.

>> Beim Auslauf müssen die Rennmäuse immer gut beobachtet werden.

Wer den Freilauf im Zimmer nicht riskieren will, kann im Handel einen Mäuseauslauf erwerben. Dieser ist meistens sechseckig und nicht besonders hoch. Auch hier heißt es: „Keine Sekunde aus dem Auge lassen!" Rennmäuse können über einem Meter aus dem Stand herausspringen, und sind dann auch schnell weg.

>> Eine entwischte Maus fangen Sie am besten mit einer leeren Küchenrolle wieder auf, nachdem Sie den kleinen Ausreißer mit einem Leckerli angelockt und sich ihm vorsichtig genähert haben.

Die Zähmung
– Schritt für Schritt erklärt

Die Zähmung einer Mongolischen Wüstenrennmaus erfordert viel Geduld. Man muss den Nagern genug Zeit geben, um sich an uns zu gewöhnen. Wer dann am zweiten Tag schon versucht, die Rennmäuse zu zähmen und rauszunehmen oder zu streicheln, macht einen entscheidenden Fehler. Die Rennmäuse verängstigen und werden niemals mehr handzahm. Folgende Schritte (in Tagen aufgezählt), sollen Ihnen helfen, die Zähmung richtig und gewissenhaft durchzuführen. Als Erstes braucht man für die Zähmung viel Geduld!

» **Ist das Vertrauen zum Halter da, ist ein Spaziergang auf ihm ein wahres Vergnügen.**

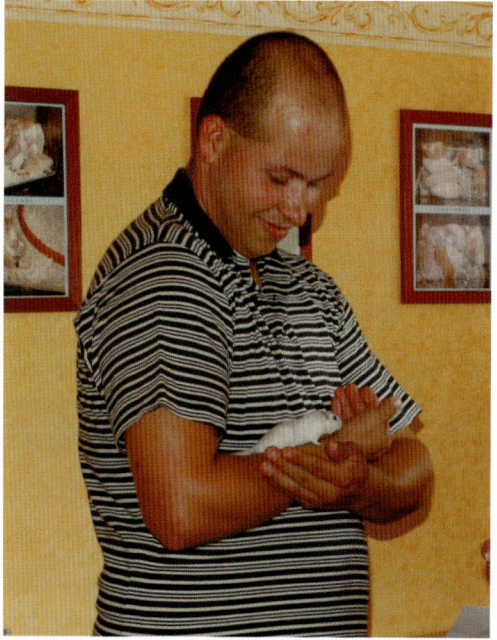

Beginn der Zähmung

Tag 1- 7
Die Tiere die erste Woche in Ruhe lassen! Sie müssen sich erst einmal in ihr neues Heim eingewöhnen.

Tag 8- 21
Die Hand (wegen des eigenen Geruchs, so erkennt Sie die Rennmaus immer wieder) für maximal 10 Minuten ins Aquarium legen (mit der Innenseite nach unten). Auf den Handrücken einen Sonnenblumenkern (max. 3 Stück pro Tag), eine Rosine oder ein anderes „Leckerli" legen. So lange warten, bis die Rennmaus es von der Hand holt. Nicht hingeben, auch wenn einem das Tier so leid tut. Nach einigen „langen" Minuten, holt sie es sich ganz flink von der Hand. Das Ganze kann einige Tage dauern, lohnt sich aber! Wenn man es der Rennmaus mit der Hand gibt, denkt sie sich: „Ach,.. ich muss nicht auf die Hand, ich bekomme es auch so." Das wäre schlecht.
Jetzt weiß sie, dass die Hand keine Gefahr darstellt, sondern ein „Leckerli" mit sich bringt.

» **Lieber die Hand ins Aquarium halten, als den Nager von oben greifen. Die Rennmaus hat in dem Moment Todesangst (Greifvogel).**

Tag 22- 42

Die Hand wieder mit „Leckerli" für maximal 20 Minuten ins Becken legen. Jetzt steigern wir das ganze noch ein wenig. Wenn das Mäuschen schon so zahm ist, das es vor der Hand so gut wie gar nicht mehr erschrickt, nehmen wir die Hand (mit dem Mäuschen oben drauf) einfach mal 5-6 cm über die Streu und lassen sie dann wieder runter. Man nennt das „Fahrstuhl fahren" aber nur für Rennmäuse. Wichtig: Nicht höher hochheben oder gar aus dem Becken nehmen! Das ist in diesem frühem Stadium noch viel zu gefährlich! Die Rennmaus muss erst merken, dass das „Fahrstuhl fahren" keine Gefahr darstellt, sondern eigentlich ganz viel Spaß macht.

Tag 43- 63

Nun, wenn das Mäuschen jetzt von allein auf die Hand kommt und nur darauf wartet, dass es 5-6 cm in die Höhe und wieder zurück geht, dann können wir das Ganze jetzt noch ein wenig steigern. Diesmal fahren wir nicht nur 5-6 cm, sondern auch mal bis aufs Häuschen, Podest o.Ä. und wieder zurück auf die Streu. Wichtig: Das Tier noch nicht herausnehmen, dazu ist es noch zu früh! Rennmäuse sind anfangs noch sehr scheu. Falsches Handeln kann eine Zähmung unmöglich machen!

Tag 64- ...

Nun, es ist soweit. Wenn die Rennmaus richtig zahm ist, keine hektischen Bewegungen oder Sprünge macht, kann man sie auch mal heraus nehmen. Dabei sollte sie aber freiwillig auf die Hand kommen. Wichtig: Aufpassen, dass das Tier nicht von der Hand springt. Es ist jetzt alles neu und noch unerkundet. Man weiß nie, wie die Tiere auf die neue Umgebung (außerhalb des Aquariums) reagieren!

>> Auf den ersten Blick denkt man, dass das Tier sehr fest gehalten wird, dies ist aber nicht der Fall. Die Rennmaus liegt locker und sicher in der Hand.

Grifftechnik

Wenn meine Rennmaus mal zum Tierarzt, zum Freilauf oder während der Reinigung des Nagerheims in die Transportbox gebracht werden muss, sollte man die richtige Technik beherrschen, eine Rennmaus sicher in der Hand zu halten, ohne den Nager zu verletzen, zu zerdrücken und ohne ihn zu sehr zu erschrecken. Wenn man eine Rennmaus sicher in der Hand halten möchte, muss man einiges beachten:

- Man darf sie erst in die Hand nehmen, wenn sie zutraulich und nicht mehr scheu ist. (Nach der Zähmung!)

- Man darf das Tier nicht jagen, um es zu greifen, so fühlt sich das Tier sehr gestresst und kann anfangen, zu beißen – dann lieber einen Tag warten und dann am nächsten Tag einen neuen Versuch „starten" (der Rennmaus zuliebe).

- Zu viel Stress kann zu Herzinfarkt und somit zum Tode der Mongolischen Wüstenrennmaus führen!

- Wenn die Rennmaus merkt, dass man „unsicher" während des Greifens ist, zappelt sie mehr, denn ein geübter Griff ist auch der angenehmste für die Rennmaus und den Tierfreund.

- Wenn eine Rennmaus anfängt zu zappeln und zu strampeln, sollte man sie niemals gegen ihren Willen festhalten, man tut ihr lieber den Gefallen und setzt sie wieder ins Aquarium zurück oder lässt sie (gut beobachtet) eine Runde „flitzen".

- Immer die Rennmaus gut festhalten und niemals mehr als 50 cm über dem Boden halten, eine Rennmaus kann von einer ungeübten Hand schnell herunterfallen und sich schwer verletzen.

- Sie kann schnell mal zappeln oder springt hinunter und kann sich lebensgefährlich verletzen. Die häufigste Todesursache bei Rennmäusen sind Stürze

≫ **Aufpassen, dass die Hoden bei männlichen Rennmäusen nicht eingedrückt werden, das ist sehr schmerzhaft für die Nager!**

- Am besten, man nimmt sie aus dem Aquarium und geht dann schnell mit ihr auf den Boden (Achtung: Unter den Möbeln bekommt man sie nicht mehr so schnell vor, und Kabel zernagt sie mit Leichtigkeit).

- Katzen, Hunde oder Ratten sind der Rennmaus in menschlicher Obhut größte Feinde!

- Nicht zu fest halten, die kleinen Knochen können schnell brechen!

Die Gesundheit

Hier werden lediglich „unterstützende" Maßnahmen aufgeführt! Von den Krankheiten, die bei Rennmäusen auftreten können, sollen jetzt nur die wichtigsten beschrieben werden. Die beste Vorbeugung von Krankheit ist Sauberkeit und Hygiene im Aquarium und beim Zubehör sowie die Vermeidung von Stress. Da das Abwehrsystem gegen Infektionen bei den Rennmäusen außergewöhnlich schwach entwickelt ist, kommt dieser Empfehlung größte Bedeutung zu. Überdies ist eine ausgewogene und gesunde Ernährung die beste Grundlage für gesunde Tiere. Die meisten Krankheiten sind für den Menschen ohne Gefahr. **Wichtig: Bei jedem Tierarztbesuch ist die komplette Gruppe beziehungsweise das Pärchen mitzuführen. Es kann sein, dass es sonst du Beißereien kommt. Das Tier kann durch den Tierarztbesuch einen anderen Geruch an sich tragen und es ist auch für das „kranke" Tier immer besser, wenn es nicht allein ist.**

≫ Wenn der Halter sich regelmäßig mit den kleinen Kerlen beschäftig, bleiben sie auch zahm.

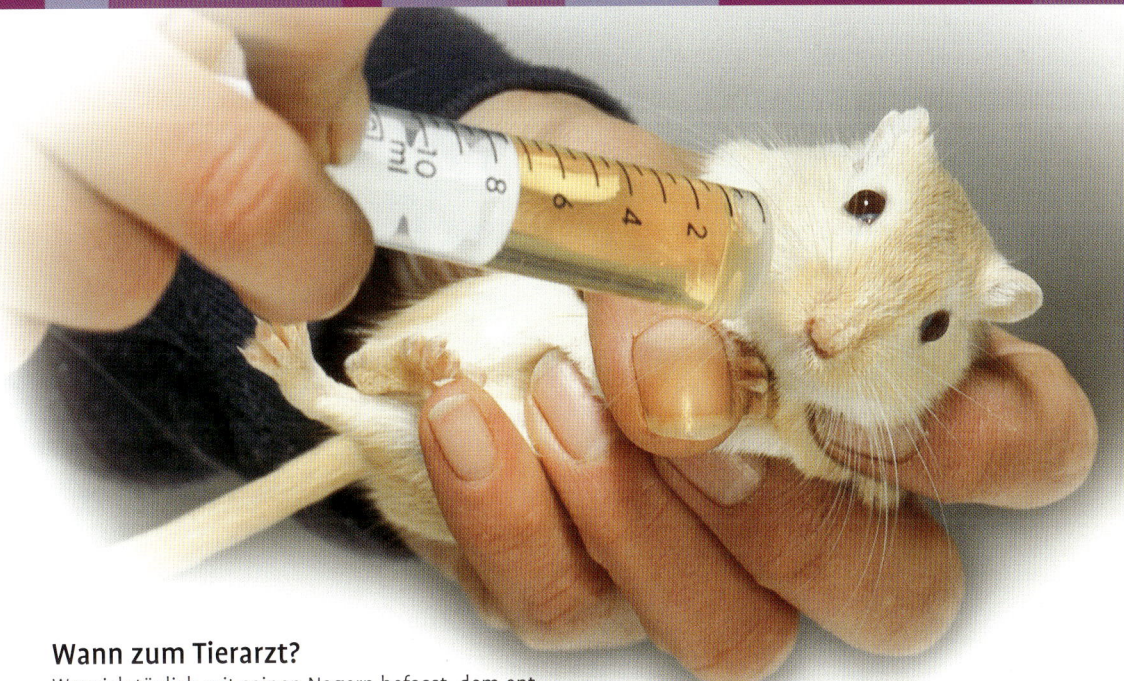

Wann zum Tierarzt?

Wer sich täglich mit seinen Nagern befasst, dem entgeht es nicht, wenn ein Tier sich verändert, etwa plötzlich nicht mehr klettert, frisst oder ständig müde wirkt. Krankheiten bei so kleinen Tieren sind leider oft schwer zu beurteilen und schreiten schnell voran. Die wenigen Reserven, die der kleine Körper hat, sind rasch verbraucht. Deshalb muss der Nager so rasch wie möglich zum Tierarzt gebracht werden, sobald Krankheitszeichen bemerkbar sind. Hat ihr Tierarzt eine Krankheit diagnostiziert, müssen Sie sich unbedingt an seine Anweisungen halten. Verschriebene Medikamente verabreichen Sie am besten mit einem Leckerli (Achtung, Antibiotika dürfen nicht mit Milchprodukten gegeben werden!) oder Sie versuchen, sie direkt in das Mäulchen Ihrer Rennmäuse zu geben. Das geht am besten von der Seite des Mäulchens mit dem Finger oder einen kleinen Spritze ohne Nadel. Bei manchen Erkrankungen kann auch eine Wärmebehandlung nötig werden. Benutzen Sie dazu am besten eine handelsübliche Rotlichtlampe und achten Sie darauf, dass nur ein kleiner Teil des Geheges bestrahlt wird. Die Lampe muss auch ausreichend weit vom Gehege entfernt (sicher) stehen. Wenn die Einstreu, die eine Weile von der Lampe bestrahlt wird, angenehm warm (nicht heiß) ist, dann haben Sie den richtigen Abstand gewählt.

» **Viel Geduld und Einfühlungsvermögen braucht man, um eine Rennmaus handzahm zu bekommen!**

Bakterielle Erkrankungen
LCM (Hirnhautentzündung)
Grund der Erkrankung: Meningokokken- oder Virusinfektion

Symptome: Erbrechen, plötzliches Fieber, Koordinationsstörungen, Tierarzt aufsuchen! Diese Erkrankung kann tödlich enden und ist extrem schmerzhaft für die Nager.

Durchfallerkrankungen
Salmonellose
Symptome: Hauptsymptom der Salmonellose ist ein starker, oft blutiger Durchfall, welcher oft mit Symptomen im Bereich der Atmungsorgane begleitet wird. Im akuten Fall sterben die Tiere innerhalb von 48 Stunden. Bei der subakuten Form kann es zu einer Lähmung der Hinterbeine kommen, die Augen sind verklebt und der Kopf geschwollen. Bei dieser Form tritt der Tod häufig erst nach zwei Wochen ein. Eine antibiotische Therapie ist möglich, die Erfolgsaussichten sind aber gering.

> ≫ **Wenn die Rennmaus sich eigenartig verhält, sehr ruhig ist, schlecht frisst oder an der Seite eingefallen aussieht, sollte man sofort den Tierarzt aufsuchen.**

Schnupfen, Atemwegsinfektion

Symptome: Nasenausfluss, verklebte Augen, Atmungsbehinderung, Abmagerung, Durchfall
Bei den Rennmäusen sind „klickende" Atemgeräusche zu hören, das Fell ist oft aufgeplustert. Schnelles Handeln ist nötig: Die Tiere sind mit ihrem gewohnten Futter, Obst, nicht blähendem Gemüse und Zwieback zu ernähren. In eine Ecke des Aquariums eine Rotlichtlampe, weit genug von den Tieren anbringen, sodass sie sich aus dem Rotlicht zurückziehen können, wenn es ihnen zu warm wird. Die Tiere sehr gut beobachten, aber in Ruhe lassen! Sofort zum Tierarzt!

Tyzzer's Disease

Bei dieser bakteriellen Erkrankung sterben die Rennmäuse innerhalb von 48 Stunden nach dem Auftreten der ersten Durchfälle. Symptome treten erfahrungsgemäß vermehrt bei Stress oder Mangelerscheinungen auf. Behandlung: Der Tierarzt ist schnellstmöglich aufzusuchen!

Mittelohrentzündung

Eine Mittelohrentzündung erkennt man meist erst, wenn der Kopf sehr schief gehalten wird und die Rennmaus unkontrolliert durch das Gehege torkelt. Es ist unverzüglich der Tierarzt aufzusuchen! Die Mittelohrentzündung kann gut behandelt werden und oft bleibt nach der Behandlung nichts mehr zurück.

> ≫ **So sollte ein Quarantänebecken für kranke Tiere eingerichtet sein.**

Durchfallerkrankungen
Nestlingsdurchfall, „Wet Tail"
oder Enteritis der Jungtiere
Symptome: Diese Erkrankung tritt nur im Nestlings-
alter auf und ist mit Durchfallverbunden. Einige
Jungtiere sterben auch daran. Ältere Tiere bleiben im
Prinzip krankheitsfrei. Wenn größere Tiere an Durchfall erkranken, ist der Tierarzt schnellstmöglich aufzusuchen!

Allergien
Symptome: Entzündete Augen und rote Nasen
Ursache: Manche Einstreu-Arten können Allergien auslösen und somit Schleimhäute reizen. Tierarzt aufsuchen! Am besten nehmen Sie eine Einstreu, die wenig
staubt (Maiseinstreu), und testen diese auf Verträg-
lichkeit.

> » Durch regelmäßiges Wiegen,
>   können Krankheiten frühzeitig
>   erkannt und besser geheilt werden.

> » Kranke Rennmäuse brauchen viel Ruhe, den
>   Gesundheitszustand sollte man mit dem Auge
>   prüfen und sie nicht ständig hoch nehmen.

Erkrankung des Gebisses
Mangelnde Nagegelegenheiten haben unkontrollier-
ten Zahnwuchs und damit zu lange Nagezähne zur
Folge. Die zu langen Nagezähne können vom Tierarzt
leicht gekürzt werden. Bieten Sie Ihren Mäusen also
ausreichend Nagebeschäftigung!

Ektoparasiten

Durch verunreinigte Einstreu oder Heu können Flöhe, Blutläuse oder Milben eingeschleppt werden. Neue Rennmäuse aus verunreinigten Beständen stellen ebenfalls eine Gefahr dar.

Allgemeine Symptome: Haarausfall, häufiges Kratzen, dadurch hervorgerufene Entzündungen und Ekzeme. Die Läuse befestigen ihre Eier am Haarschaft. Sie ernähren sich vom Blut ihrer Wirtstiere. Oft kommt es bei der Infektion zu einer allergischen Hautentzündung mit starkem Juckreiz. Läuse und auch Flöhe sind im Fell (besonders bei hellen Rennmäusen) mit bloßem Auge zu erkennen. Es gibt mehrere Milbenarten die meist auf der Haut, weniger in der Haut leben. Haarausfall und kahle Stellen gehören zu den Alarmzeichen eines Milbenbefalls. In diesem Falle ist es ratsam, den Tierarzt zu konsultieren.

>> Bei Veränderungen des Felles, sollte man den Tierarzt aufsuchen.

Parasitische Würmer, Band- und Rundwürmer

Es gibt verschiedene Arten, sie führen unbehandelt zum Tod.

Symptome: Durchfall und Gewichtsverlust

Behandlung: Der Tierarzt ist schnellstmöglich aufzusuchen! Während der Wurmbehandlung sind die Aquarien jeden Tag mit wurmabtötenden Desinfektionsmitteln („Interkokask") zu reinigen und alle Gegenstände bei 150 C° 45 Minuten auszubacken.

Knochenbrüche

Hier kann nur der Tierazt helfen.

In Fällen, wo der Unterschenkel gebrochen ist, kann man den Tieren auch einen Stützverband anlegen, damit es besser wieder zusammenheilt.

Bissverletzungen durch Raufereien

Auch hier ist der Tierarzt aufzusuchen. Man kann die Heilung ein wenig mit „Bepanthen Wund & Heilsalbe" oder bei Wunden an Nase oder Auge mit „Bepanthen Nasen-und Augensalbe" unterstützen. Die Rennmäuse müssen auf Küchenpapier gesetzt werden, bis die Haut verheilt ist und das Küchenpapier ist jeden Tag zu erneuern. Somit wird eine Infektion vermieden.

Äußerliche Tumore

Symptome: (dunkelbraune bis schwarze) „Knubbel" oder auch „Knoten"

Innere Tumore

Sie können an verschiedenen inneren Organen auftreten und sind nur durch genaue tierärztliche Untersuchung feststellbar.

Deshalb ist es wichtig, regelmäßig seine Rennmäuse gründlich auf Beulen, Hautveränderung oder Verletzungen zu untersuchen, das kann lebensrettend sein!

>> Vergessen Sie nicht, regelmäßig die Zähne Ihrer Rennmäuse zu kontrollieren!
Diese dürfen nicht zu lang werden – beugen Sie also mit ausreichend Knabberfutter und Nagematerial vor.

Krankheiten vermeiden

Die beste Möglichkeit Krankheiten vorzubeugen, ist die Hygiene des Rennmausheimes. Regelmäßiges Säubern von Flaschen, Näpfen und der kompletten Einrichtung lässt Krankheitskeime gar nicht erst entstehen. Wenn es aber trotzdem mal der Fall sein sollte, dass eine ansteckende Krankheit auftreten sollte, sind sofort alle Rennmäuse darauf zu untersuchen und die gesunden Rennmäuse werden von den kranken getrennt (Quarantäne) Alle Käfige uns Einrichtungsgegenstände werden mit einem Flächendesinfektionsmittel vom Tierarzt desinfiziert (dies empfehle ich auch ohne besonderen Grund zweimal jährlich zu machen). Einrichtungsgegenstände müssen bei 180 °C 45 Minuten ausgebacken werden! Wenn ein neues Rennmäuschen in den „Bestand" soll, muss dieses ebenfalls in Quarantäne bis geklärt ist, ob der Nager gesund oder krank ist. Aufschluss darüber gibt eine bakteriologische und parasitologische Untersuchung des Kotes sowie die Untersuchung des Fells und der Ohren. Ein zweiter sehr wichtiger Grund, um Krankheiten zu vermeiden, ist Stress. Rennmäuse erkranken aufgrund stressiger Verhältnisse sehr schnell. Wird diese Störung vermieden, verhindert man auch eine Erkrankung der Rennmaus.

Verhaltensstörungen

Grund für eine Verhaltensstörung kann ein zu enges Aquarium, zu wenig Beachtung durch den Halter oder auch eine Krankheit sein. Es muss aber nicht immer eine Krankheit sein. Auffälligkeiten dafür sind ein stereotypisches Verhalten wie übermäßiges Putzen des Artgenossen oder auch ein Hin-und-her-Rennen im Nagerheim. In solchen Fällen hilft ein „Tapetenwechsel" wie ein neues, größeres Aquarium mit vielen Klettermöglichkeiten. Kranke Rennmäuse brauchen besonders viel Aufmerksamkeit durch Leckerli (kein Gemüse bei Durchfallerkrankungen!), die man mit der Hand gibt. Nicht streicheln oder hochheben, das schwächt die Rennmäuse nur noch mehr, da sie in dieser Situation unter Stress leiden.

Ein großes und abwechslungsreich ≫ gestaltetes Aquarium verhindert oft Verhaltensstörungen.

Die Zucht

Voraussetzungen und Kastration

Bei der Zucht sollte man stets beachten, dass nur mit einem Pärchen (Männchen und Weibchen) gezüchtet werden sollte. Von einer Gruppenverpaarung von zwei Männchen und einem Weibchen ist absolut abzuraten. Die beiden Männchen würden um das Weibchen kämpfen, bis einer verliert und meist tot gebissen wird. Bei zwei Weibchen und einem Männchen ist dies genauso, nur anders herum. Das Weibchen würde vor dem anderen Weibchen den eigenen Wurf verteidigen, anders herum genauso. Diese Zusammensetzung würde tödlich enden. Ein Männchen und ein Weibchen dagegen zusammenzusetzen, ist die beste Lösung und ist auf Dauer. Das Pärchen bleibt bis zum Tod fest zusammen. Eine Trennung nach dem Wurf wäre in meinen Augen verantwortungslos.

Der Bock hilf dem Weibchen in der gesamten Aufzucht (wie in freier Wildbahn). Wenn die Mäusemutter fressen oder sich mal ausruhen möchte, übernimmt das Männchen die Mäusekinder. Der Vater ist in häufigen Fällen auch für den Bau des Nestes verantwortlich. Wenn das Männchen die ganze Zeit da ist, ist das gut für die Mutter und somit für die Muttermilch. Das Weibchen hat somit viel weniger Stress.

Tritt jedoch der Fall ein, dass die Mutter ihre Jungen frisst, kann häufiges Stören der Mutter und der Babys (Stress), ein Proteinmangel oder auch eine Krankheit der Jungen ein Grund dafür sein(dafür hat die Natur gesorgt).

Ein Pärchen immer wieder zu trennen und auch noch immer wieder mit einem neuen Partner zu vergesellschaften, wenn man mal Nachwuchs hat, ist in meinen Augen verantwortungslos. In der Natur ist auch eine „fest bestehende" Familie aus Männchen, Weibchen und Jungen zusammen und das bis an ihr Lebensende. Ein Männchen zu kastrieren, wenn man mal keinen Nachwuchs mehr haben möchte, ist eher nicht möglich, das Narkoserisiko ist bei den kleinen Kerlen viel zu hoch. Man sollte sich vor der Zucht überlegen, ob man durchschnittlich fünf bis acht Mäusebabys im Monat in gute Hände bringen kann und das heißt nicht in die Zoohandlung! Professionell züchten heißt, züchten mit Papieren, dem Wissen über die Gencodes aller Farbschläge, mit der Gesundheitsvorsorge der Jungen, dem regelmäßigem Wiegen, dem sicheren Erkennen des Geschlechtes von Babys – keine Inzucht über alle Generationen und vieles mehr.

Herzlose Menschen vermehren die Rennmäuse nur, weil sie denken, leicht an Geld zu kommen, aber das ist ein Trugschluss. Bei der Rennmauszucht hat man mehr Ausgaben als Einnamen!

» Solch süße Bilder sollten nicht zur Zucht verlocken!

>> Ein professionelles Fachwissen
ist für eine Zucht Vorraussetzung.

Allgemeine Daten über die Zucht

Eine weibliche Rennmaus ist mit 65- 85 Tagen bis zum zweiten Lebensjahr geschlechtsreif, während Männchen ab dem 70.-85. Tag bis zu zweieinhalb Jahren geschlechtsreif sind. Das Weibchen ist 8- 9 Stunden nach der Geburt wieder empfängnisbereit und die Tragezeit beträgt zwischen 23 und 26 Tagen. Die Rennmaus säugt ihre Jungen 21 bis 30 Tage, danach können sie selbstständig Nahrung aufnehmen und werden mit fünf, besser sechs Wochen nach der Geburt von den Eltern getrennt. Die Kleinen öffnen ihre Augen am 16.- 21. Tag, ihre Ohren am fünften Tag, wobei ihr Fell auch ab dem fünften Tag wächst.

Geeignete Zuchttiere

Die Zuchttiere sollten von auserwählten und professionellen Züchtern sein, Papiere mit sich führen und absolut inzuchtfrei sein. Inzuchttiere (Verpaarung unter verwandten Rennmäusen egal welchen Grades) bringen meist verkrüppelte, behinderte und sehr krankheitsanfällige Jungen zur Welt. Diese Art der Zucht ist verboten.

>> Ein solcher Stammbaum beweist die inzuchtfreie Herkunft der jungen Maus bis in die vierte Generation.

Vorüberlegungen

Eine Zucht sollte gut überlegt sein, zum Wohl der Tiere, und eine oder zwei Stunden pro Tag reichen da nicht aus. Es müssen private Liebhaber/Halter gesucht werden, damit die Rennmäuse nicht in die Zoohandlung gegeben werden müssen. Die Leute müssen bestens (vor dem Kauf) über diese Nager informiert und Papiere ausgestellt werden. Viele Dinge müssen erfüllt sein, damit man mit einer professionellen Zucht beginnen kann. Auskunft darüber bieten spezielle Zuchtvereine. Man sollte vor der Zucht immer an das Wohl der Rennmäuse denken, und niemals an seinen materiellen Vorteil!

>> Die Jungen werden mit Latexhandschuhen (immer wieder neue) angefasst, da die Mutter sie nicht mehr annehmen würde, wenn ein anderer Geruch an ihnen ist.

Weiterführende Literatur

- Das Kleinsäuger-Fachmagazin RODENTIA
- BUSCH, M. (2009): Pflanzen für Heimtiere – gut oder giftig? Verlag Eugen Ulmer, Stuttgart.
- FAHRENKROG, N. (2010): Kaninchen und Nager natürlich halten. Verlag Eugen Ulmer, Stuttgart.
- SCHMIDT-RÖGER, H. (2005): Rennmäuse. Verlag Eugen Ulmer, Stuttgart.

Interessante Internet-Adressen

- www.tierschutzbund.de
- www.tierschutzvereine.de
- www.nagetiere-online.de
- www.nager-info.de
- www.rennmaus.de
- www.rennmauszucht.eu

Bildhinweis:
Madlen Wendt: Seite 8, 27, 64
Isabelle Francais: Seite 15, 55
Christine Steimer: alle anderen Bilder im Innenteil
XXX: Titelbild

Über die Autorin

Madlen Wendt ist gelernte Zoofachverkäuferin und seit 2002 professionelle Rennmauszüchterin vom Clan The warrior of earth. Sie besitzt mehrere Zuchtpaare und hat ständig junge Mäuse in über 60 Farben und Scheckungen zur Abgabe. Ausführliche Stammbäume sichern die inzuchtfreie Herkunft. Ihr Zuchtziel ist es, die gesamte Lebensqualität der Mongolischen Wüstenrennmaus zu verbessern, die Tiere sozialer und stabiler zu machen. Auch die Anfälligkeit für Krankheiten konnte sie deutlich verringern. Frau Madlen Wendt bietet Ihre Hilfe rund um die Mongolische Wüstenrennmaus an, übernimmt Vergesellschaftungen oder hilft bei allen Fragen zur Anschaffung, Einrichtung und vieles mehr. Madlen Wendt lebt zusammen mit ihrem Mann in Großpösna bei Leipzig.

Zu erreichen ist sie über:
www.rennmauszucht.eu

Hinweis

Die in diesem Buch enthaltenen Empfehlungen und Angaben sind von der Autorin mit größter Sorgfalt zusammengestellt und geprüft worden. Eine Garantie für die Richtigkeit der Angaben kann aber nicht gegeben werden. Autorin und Verlag übernehmen keinerlei Haftung für Schäden und Unfälle. Der Leser sollte bei der Anwendung der in diesem Buch enthaltenen Empfehlungen sein persönliches Urteilsvermögen einsetzen.

Bibliografische Information der Deutschen Nationalbibliothek

Die Deutsche Nationalbibliothek verzeichnet diese Publikation in der Deutschen Nationalbibliografie; detaillierte bibliografische Daten sind im Internet über http://dnb.d-nb.de abrufbar.

© 2007, 2013 Eugen Ulmer KG
Wollgrasweg 41, 70599 Stuttgart (Hohenheim)
E-Mail: info@ulmer.de
Internet: www.ulmer.de
Titelfoto: Tierfotoagentur.de / Ramona Richter
Umschlagentwurf: Sojus Design, Kai Twelbeck, Stuttgart
Druck und Bindung: Litotipografia Alcione, Lavis
Printed in Italy

ISBN 978-3-8001-7958-9